Schimmelschäden vermeiden

Bauphysikalische Grundlagen
Analyse und Ursachen
Hinweise zur Vermeidung und Sanierung

von
Dr. Antje Lotz | Dr. Peter Hammacher

51 Abbildungen

Fraunhofer IRB Verlag

Die Deutsche Bibliothek – CIP-Einheitsaufnahme
Ein Titeldatensatz für diese Publikation ist bei
Der Deutschen Bibliothek erhältlich.

Dr. Antje Lotz, Dr. Peter Hammacher
Schimmelschäden vermeiden
Stuttgart: Fraunhofer IRB Verlag, 2001
ISBN 3-8167-4733-7

Umschlaggestaltung und Layout: Markus Bauer [IRB•dtp]
Satz: Frank-Meinhart Stephan, Stuttgart
Druck: Offsetdruckerei Hoffmann, Inh. Manfred Wetzstein, Kornwestheim
Für den Druck des Buches wurde chlor- und säurefreies Papier verwendet

© Fraunhofer IRB Verlag, 2001
Fraunhofer-Informationszentrum Raum und Bau IRB
Postfach 80 04 69, D-70504 Stuttgart
Telefon (07 11) 970-25 00
Telefax (07 11) 970-25 08
e-mail: info@irb.fhg.de
http://www.irbbuch.de

Vorwort

Schimmel in Wohnungen kann gesundheitliche Beeinträchtigungen hervorrufen. Entsprechend empfindlich reagieren Bewohner auf Schimmelschäden.

Meist entsteht Streit zwischen Bauherr und Bauträger oder Mieter und Vermieter darüber, worauf die Schimmelbildungen zurückzuführen sind. Bauträger werden darauf hinweisen, dass zunächst die übliche Baufeuchte austrocknen muß.
Beim Bauherrn dagegen wird zumindest der Verdacht bleiben, dass die Bausubstanz nicht in Ordnung ist.
Vermieter werden den Rat erteilen, dass mehr geheizt und gelüftet werden solle. Der Mieter wird entgegen halten, dass trotz Heizung und Lüftung insbesondere bei Regen die Wände feucht seien.

Erst nach Klärung der tatsächlichen Ursache für den Schimmelbefall können gezielte Maßnahmen zur Beseitigung durchgeführt werden.

Im vorliegenden Buch werden bauphysikalische und konstruktive Zusammenhänge anhand von Beispielen aus der Praxis dargelegt, Sanierungsmaßnahmen angeboten, und sinnvolle Prüfmöglichkeiten zur Ursachenfeststellung aufgezeigt. Dieses Buch soll ein hilfreiches Nachschlagewerk für jeden Baufachmann sein, der sich mit dem Thema Schimmelbildung auseinander setzen muss.

Dr. Antje Lotz

Inhaltsverzeichnis

1 Einleitung

In den letzten Jahren haben Allergien und ähnliche Erkrankungserscheinungen stetig zugenommen. Obwohl viele Untersuchungen durchgeführt und Verbesserungen (z.B. weniger Rauchen, Ozonreduzierung bei Kopierern) erreicht wurden, ist der Trend, wonach sich die Anzahl der Allergieerkranungen etwa alle 10 bis 15 Jahre verdoppelt, immer noch ungebrochen.

Der Innenraum, sei es als Wohnung oder als Arbeitsplatz, gewinnt daher an Bedeutung als möglicher Einflussfaktor. Zunächst standen die chemischen Schadstoffe, wie sie aus Baustoffen ausgasen können, im Blickpunkt der Untersuchungen. Biologische Einflüsse wurden dagegen völlig unterschätzt. Inzwischen ist bei Forschern und Sachverständigen die Erkenntnis gereift, dass mikrobiologische Kontaminationen schwere Gesundheitsstörungen hervorrufen oder zumindest verstärken können.

Nach den Forschungsergebnissen des renommierten Pegasus Labor aus Düsseldorf tun sich hierbei einzelne Schimmelpilze, so z.B. Stachybotrys atra durch Bildung „wirksamer" Mycotoxine besonders hervor. Zellulosehaltige Baustoffe, wie Tapete und Gipskartonplatten bilden bei ausreichendem Feuchtegehalt einen idealen Nährboden für diesen Schimmel.

Gemäß Untersuchungen des Institutes für Toxikologie der Christian Albrechts Universität Kiel existiert ein signifikanter Zusammenhang zwischen Reizung der Augen und Atemwege, insbesondere der Nebenhöhlen, Infektionskrankheiten, Allergien, Müdigkeit und dem Vorhandensein von Bakterien und Schimmelpilzen in den Räumlichkeiten.

In Zukunft wird daher die interdisziplinäre Zusammenarbeit von Architekten, Sachverständigen, Bauträgern, Bauphysikern, Biologen und auch von Bewohnern notwendig werden, um Gesundheitsprobleme und zusätzliche Kosten sowohl im Neubaubereich als auch bei der Altbausanierung zu vermeiden und die Situation für die Betroffenen zu verbessern. Dabei können aus Schadensbeispiele wertvolle Hinweise für den Erfahrungsaustausch gewonnen werden.

2 Physikalische Grundlagen

2.1 Wärmeschutz

Der Wärmeschutz im Hochbau umfasst die Maßnahmen zur Verringerung von Wärmeverlusten im Winter und zum Schutz gegen übermäßige Aufheizung im Sommer.

Die Wärmeschutzmaßnahmen dienen dazu
- ein gesundes Raumklima für die Bewohner sicherzustellen,
- die Baukonstruktion vor übermäßigen und damit schädigenden klimabedingten Längenänderungen, (thermische; Dehnung, Feuchtedehnung/Trocknungsschrumpfung) und Durchfeuchtungen zu bewahren,
- den Energieverbrauch für Heizung und Kühlung zu minimieren.

Ziel des Wärmeschutzes

Die grundlegenden Anforderungen für den Wärmeschutz sind in der Wärmeschutzverordnung (Energieeinsparverordnung) und in der DIN 4108 vorgegeben.

Anforderungen

Der Wärmeschutz eines Gebäudes oder Gebäudeteils hängt im wesentlichen von folgenden Faktoren ab:

Einflußfaktoren

- Größe der wärmeübertragenden Außenflächen
- Wärmedurchgangswiderstand/Wärmeleitfähigkeit der Außenbauteile
- Größe der Fenster und Glasflächen
- Energiedurchlässigkeit der Fenster und Glasflächen
- Anordnung der einzelnen Schichten der Außenbauteile bei mehrschichtigem Aufbau
- Orientierung der einzelnen Außenbauteile, insbesondere der Fenster mit Berücksichtigung von Sonnenschutzmaßnahmen (solare Wärmegewinne)
- Luftdurchlässigkeit von Bauteilen (Fugen, Spalten)
- Lüftung

Zur Beurteilung der Wärmedämmung von Außenbauteilen wird der Wärmedurchgangswiderstand des Bauteils herangezogen. Er errechnet sich als Summe der Dicke jeder einzelnen Schicht und deren Wärmeleitfähigkeit, zuzüglich der Wärmeübergangswiderstände an den beiden Bauteiloberflächen.

Berechnung der Wärmedämmung

Material	Rohdichte [kg/m³]	Wärmeleitfähigkeit (Bemessungswert) [W/(m²K)]
Putz		
Kalkputz	ca. 1.800	0,87
Gipsputz	ca. 1.400	0,70
Zementputz	ca. 2.000	1,4
Leichtputz	<1.300	0,52
	<1.000	0,36
Kunstharzputz	ca. 1.100	0,70
Wärmedämmputz	≥200	0,060–0,100
Estrich		
Zementestrich	ca. 2.000	1,4
Anhydritestrich	ca. 2.100	1,2
Magnesiaestrich	1.400/2.300	047/0,70
Gussasphalt	ca. 2.300	0,90
Betonbauteile		
Normalbeton	2.200/2.400	1,6/2,1
Leichtbeton	1.600–2.000	0,70–1,2
Leichtbeton mit porigen Zuschlägen	600–2.000	0,22– 1,2
Leichtbeton mit Naturbims	500–1.200	0,15–0,44
Leichtbeton mit Blähton	500–1.200	0,18–0,46
Mauerwerk		
Vollklinker	1.800–2.200	0,81–1,2
Hochlochziegel	1.200–2.000	0,50–0,96
Leichthochlochziegel Lochung A und B	700–1.000	0,36–0,45
Leichthochlochziegel Lochung W	700–1.000	0,30–0,39
Kalksandstein	1.000–2.200	0,50–1,3
Porenbetonstein, Block	400–800	0,30–0,29
Porenbetonstein, Plan	400–800	0,14–0,27
Vollstein Leichtbeton	500–2.000	0,32–0,99
Bauplatten		
Wandbauplatte Leichtbeton	800–1.400	0,29–0,58
Wandbauplatte Gips	600–1.200	0,29–0,56
Gipskartonplatte	ca. 900	0,25
Dämmstoffe		
Polyurethan-Ortschaum	ca. > 45	0,035–0,040
Polyurethan-Hartschaum	ca. ≥ 30	0,030–0,040
Polystyrol-Extr.schaum	ca. ≥ 25	0,030–0,040
Polystyrol-Part.schaum	ca. ≥ 15–30	0,035–0,040
Schaumglas	ca. 100–160	0,045–0,060
Holz und Holzwerkstoffe		
Fichte, Kiefer, Tanne	ca. 600	0,13
Buche, Eiche	ca. 800	0,20
Spanplatte	ca. 700	0,13–0,17
Holzfaserplatte	ca. 1.000	0,17
Bodenbeläge		
Linoleum	ca. 1.000	0,17
PVC-Belag	ca. 1.500	0,23

Jeder Baustoff besitzt eine bestimmte Wärmeleitfähigkeit. Me- *Wärmeleitfähigkeit*
talle haben eine hohe Wärmeleitfähigkeit, Dämmstoffe dage-
gen eine geringe. Allgemein gilt: Je poröser ein Stoff, desto geringer ist seine Wärmeleitfähigkeit, und umso höher ist sein
Dämmvermögen.

Sind die Poren gefüllt, z.B. durch Wasser bei einem *durchnässten* Baustoff, so wird die Wärme leichter im Baustoff zwischen
den einzelnen Schichten übertragen. Die Wärmeleitfähigkeit
nimmt zu, die Wärmedämmung somit ab.

Die Rechenwerte für die Wärmeleitfähigkeit sowie für die Wärmeübergangswiderstände sind in DIN 4108 – Teil 4 angegeben
(s. Tabelle Seite 10).

Der berechnete Wärmedurchgangswiderstand wird demjenigen, der nach der Wärmeschutzverordnung und der DIN 4108
für das Bauteil gefordert wird, gegenübergestellt.

Aus der Betrachtung der gesamten Außenhülle des Gebäudes, *Hüllennachweis*
also aller Außenbauteile ergibt sich der Gesamtwärmeverlust
durch Transmission. Dieser Wert wird an den Anforderungen
aus der Wärmeschutzverordnung gemessen.

2.2 Kondensatschutz

Der Kondensatschutz im Hochbau umfasst die Maßnahmen zur
Vermeidung von Tauwasserbildung, also der Durchfeuchtung
von Bauteilen durch Kondensat.

Die Kondensatschutzmaßnahmen dienen dazu *Ziele des*
• ein gesundes Raumklima für die Bewohner sicherzustellen, *Kondensatschutzes*
• die Baukonstruktion vor übermäßiger Durchfeuchtungen zu
  bewahren,
• Schäden an der Baukonstruktion z.B. durch Korrosion oder
  Pilzbefall zu verhindern.

Die grundlegenden Anforderungen für den Kondensatschutz *Anforderungen*
sind in der DIN 4108 Teil 3 vorgegeben. Bei Einhaltung der Min-
destwerte für den Wärmedurchgangswiderstand tritt bei üblichen Raumtemperaturen und relativen Luftfeuchten in Wohnungen und Büroräumen kein Schaden durch Kondensat auf.

Der Kondensatschutz eines Gebäudes oder Gebäudeteils hängt im wesentlichen von folgenden Faktoren ab:

Einflußfaktoren
• Klimabedingungen
Tauperiode:
20 °C, 50% relative Luftfeuchte (innen), −10 °C, 80% relative Luftfeuchte (außen)
Verdunstungsperiode:
12 °C, 70% relative Luftfeuchte (innen), 12 °C, 70% relative Luftfeuchte (außen)

• Dampfbilanz (Lüftung, Dampfeintrag)

• Oberflächentemperaturen (ergeben sich aus dem Wärmedurchgang)

• Winddichtigkeit der Konstruktion

Zur Beurteilung des Kondensatschutzes wird die Dampfbilanz jedes einzelnen Raumes eines Gebäudes aufgestellt, indem die relative Luftfeuchte ermittelt wird, die sich bei üblicher, planmäßiger Nutzung einstellt.

Dampfbilanz
Die Dampfbilanz ergibt sich aus dem Dampfeintrag, wie er durch Wasserdampfabgabe von Menschen und Tieren (Atmen, Schwitzen), durch Duschen, Kochen, Verdunstung aus Aquarien, Wäschetrocknen usw. entsteht, und aus der Dampfabfuhr, die sich durch Lüftung, Kondensatbildung an kühlen Oberflächen, Trocknern usw. ergibt.

Folgende Feuchtigkeitsabgaben sind pro 24 Stunden üblich:

Mensch	1,0–1,5 l
Kochen	0,5–1,0 l
Duschen (pro Person)	0,5–1,0 l
Wäschetrocknen (1 Maschine voll)	1,0–1,5 l (geschleudert)
	2,0–3,5 l (tropfnaß)
Zimmerpflanzen	0,5–1,0 l

Aus der Dampfbilanz errechnet sich die relative Luftfeuchte im Raum. Zu jeder relativen Luftfeuchte und jeweiliger Raumtemperatur ergibt sich die Tautemperatur, weil die Luft je nach ihrer Temperatur nur eine bestimmte Menge an Wasserdampf aufnehmen kann.

Je wärmer die Luft ist, desto größer ist die Menge an Wasser- *Relative Luftfeuchte*
dampf, die in der Luft enthalten sein kann. Bei 20 °C kann die
Luft bis zu 17,5 g Wasser als Dampf in einem m^3 enthalten. Dann
ist die Luft gesättigt, die relative Luftfeuchte beträgt 100%. Bei
0 °C kann die Luft nur bis zu 5,0 g Wasser als Dampf in einem
m^3 aufnehmen bis zur Sättigung, also zum Erreichen einer relativen Luftfeuchte von 100%. Erwärmt man also Luft von 0 °C mit
100% relativer Luftfeuchte auf 20 °C, so sinkt die relative Luftfeuchte auf 5,0/17,5 = 28,6% ab. Die Luft wird also trocken.
Dieser Effekt ist bekannt, wenn man im Winter lüftet und kalte
Außenluft hereinlässt, die dann auf Raumtemperatur erwärmt
wird.

Umgekehrt kann durch Feuchteeintrag, z.B. beim Duschen
oder Kochen, die Luftfeuchtigkeit soweit erhöht werden, dass
die relative Luftfeuchte von 100% überschritten wird. In diesem
Fall bildet sich Nebel (Dampfschwaden), der sich an kühlen
Oberflächen niederschlägt. Im günstigsten Fall bildet sich das
Kondensat auf solchen Flächen, wo es keinen Schaden anrich-
ten kann, z.B. auf Fensterscheiben. Bildet sich dagegen Kondensat auf saugfähigen Flächen, so wird es von diesen aufgenommen. Der Baustoff durchfeuchtet.

Aus der Wärmedurchgangsberechnung werden die Oberflächen- *Tautemperatur*
temperaturen in den Schichten der einzelnen Bauteile errechnet. Diese Oberflächentemperaturen werden mit der Tautemperatur verglichen. Sinkt die Oberflächentemperatur unter die
Tautemperatur, so bildet sich Kondensat. Die Außenbauteile
müssen also soweit wärmegedämmt sein, dass die Oberflächentemperatur stets über der Tautemperatur liegt.

2.3 Wasserdampf

Baustoffe können Wasser in flüssiger Form in den Kapillaren
und Poren aufnehmen, aber auch als Wasserdampf. Sowohl
flüssiges Wasser als auch Wasserdampf kann durch das Kapillarsystem eines Baustoffes wandern. Diesen Wanderungsvor-
gang nennt man Diffusion.

Trennt ein flächiger Körper (z.B. ein Baustoff) als Trenn- *Diffusion*
schicht zwei Räume mit unterschiedlicher Konzentration an
Wasserdampf, so findet ein einseitiger Überschuß an Dampf-

diffusion von Seiten der höheren zur niedrigeren Konzentration statt, der kurz als (einseitig gerichteter) Diffusionsstrom bezeichnet wird. Dieser Diffusionsstrom wird gemessen als Menge pro Zeiteinheit und pro Flächeneinheit der Trennschicht. Er ist proportional abhängig vom Unterschied der Konzentrationen, gemessen über die Differenz der Partialdrücke des Wasserdampfes auf beiden Seiten der Trennschicht. Er wird mehr oder weniger behindert durch das Material der Trennschicht, die mit ihrer Diffusionsleitzahl als Materialkonstante und ihrer Dicke den Diffusionswiderstand bildet. Für den Diffusionsstrom je Flächeneinheit gilt das Diffusionsgesetz:

$$i = \frac{G}{F} = \frac{D}{s \cdot \Delta p} \qquad \text{in } g/(m^2 \cdot h)$$

G = Diffusionstrom   in g/h
F = durchströmte Fläche   in m^2
D = Diffusionsleitzahl   in $(g/h)/(m^2 \cdot hPa/m)$
s = Dicke Trennschicht   in m
Δp = Partialdruckdifferenz   in hPa

Der Diffusionswiderstand einer Trennschicht ist

$$\frac{s}{D} = \frac{\Delta p}{i}$$

Die Diffusionsleitzahl von Luft als Trennschicht ist von der Temperatur abhängig und berechnet sich nach der Schirmer'schen Formel:

$$D_L = \frac{18.200}{T \cdot p \cdot \left(\dfrac{T}{273}\right)^{1,81}} \qquad \text{in } (g/h)/(m^2 \cdot hPa/m)$$

T = absolute Temperatur   in K
p = Luftdruck   in hPa

Der Diffusionswiderstand einer anderen Trennschicht als Luft kann ausgedrückt werden durch denjenigen einer Luftschicht mit entsprechender (äquivalenter) Dicke:

$$\frac{s^*}{D_L} = \frac{\Delta p}{i}$$

$$s^* = \frac{D_L \cdot \Delta p}{i} = \text{äquivalente Luftschichtdicke in m}$$

Durch Bezug der äquivalenten Luftschichtdicke auf die tatsächliche Dicke der Trennschicht ergibt sich das Vielfache, um welches der Diffusionswiderstand der Trennschicht größer ist als derjenige einer gleichdicken Luftschicht. Diese Zahl heißt Diffusionswiderstandzahl:

$$\mu = \frac{s^*}{s}$$

Für die Bestimmung der äquivalenten Luftschichtdicke und Diffusionswiderstandszahl eines Materials wird der Diffusionsstrom durch eine definierte Probenfläche bestimmter Dicke und beidseitig bekannten Partialdampfdrücken gemessen. Der zusätzliche Widerstand etwa anderer Schichten, z.B. eines Trägers wird abgezogen.

Äquivalente Luftschichtdicke
Diffusionswiderstandszahl

Stoffe mit einer Diffusionswiderstandzahl von mehr als 100.000 können als dampfdifussionsdicht eingestuft werden. Derartige Stoffe sind als Diffusionssperre geeignet, um dahinter liegende Baustoffe vor dem Eindringen von Wasserdampf aus feucht-warmer Raumluft zu schützen.

Der Wasserdampf in der Raumluft stellt sich aus der Dampfbilanz ein, wieviel Wasser also dampfförmig in die Raumluft eingetragen und wieviel Wasserdampf durch Lüftung und/oder Kondensat aus der Raumluft entfernt wurde.

Zwischen Raumluft und Baustoffen findet ein steter Austausch von Wasserdampf statt. Vom Baustoff wird Wasserdampf aus der Raumluft aufgenommen (Durchfeuchtung), aber auch wieder abgeben (Trocknung).

Durch die Trocknung von Baustoffen wird die Raumluftfeuchte erhöht. Dies muss bei durchfeuchteten Baustoffen beachtet werden. Bei Neubauten sind die Baustoffe in der Regel noch deutlich durchfeuchtet. Daher muss die Neubauwohnung trocken geheizt werden. Auch bei Sanierungen muss die Trocknung der durchnässten Baustoffe erfolgen, nachdem die Feuchtequelle beseitigt wurde.

Trocknung von Baufeuchte

Im Winter können Baustoffe durchfeuchtet werden, wenn feucht-warme Raumluft an kühlere Baustoffe gelangt. In den kühleren Baustoffen, die in der Schichtenfolge weiter außen liegen, und die noch von der feucht-warmen Raumluft erreicht werden, bildet sich Kondensat, weil der Taupunkt der feucht-warmen Raumluft unterschritten wird. Das Kondensat wird von den Baustoffen aufgenommen. Diese Zeit wird Tauperiode genannt.

Im Sommer findet ohne weitere Feuchtigkeitszufuhr eine Trocknung statt, indem das während der Tauperiode vom Baustoff aufgenommene Wasser aus dem Baustoff verdunstet und dieser so trocknet. Diese Zeit wird Trocken- oder Verdunstungsperiode genannt.

2.4 Raumklima

Das Raumklima wird nach dem persönlichen Behaglichkeitsempfinden geregelt. Die wichtigsten Einflußfaktoren sind:

Einflußfaktoren
- Temperatur der Raumluft
- Luftfeuchtigkeit der Raumluft
- Oberflächentemperatur von Boden, Wänden und Decke
- Intensität der Heizung, Art der Heizung
- Zuglufterscheinungen

Behaglichkeit Üblicherweise liegen die Raumtemperaturen zwischen 18 °C und 24 °C und die relativen Luftfeuchten zwischen 35% und 65%, wenn das Raumklima als behaglich empfunden werden soll.

Im Schlafzimmer wird in der Regel eine niedrigere Raumtemperatur (18 °C) gewählt, ältere Menschen bevorzugen eine etwas höhere Raumtemperatur (22 °C), im Badezimmer wird eine höhere Raumtemperatur (24 °C) eingestellt, weil hier der Schutz durch Kleidung fehlt.

Die Raumtemperatur wird durch die Beheizung bzw. Kühlung bestimmt sowie durch die Wärmedämmung der Außenbauteile. Durch Lüftung kann die Raumtemperatur verändert werden, indem die Außentemperatur auf die Raumluft übertragen wird.

Die relative Luftfeuchtigkeit ergibt sich aus der Bilanz des Wasserdampfeintrages durch Verdunsten von Wasser und dem Entfernen von Wasserdampf durch Kondensat und/oder Lüftung.

Die Oberflächentemperaturen sind abhängig von der Raumtemperatur, der Außentemperatur und dem Wärmedurchgang durch das jeweilige Bauteil, also dessen Dämmung.

Die Wärme, die von einer Heizung abgestrahlt wird, wird richtungsabhängig wahrgenommen. Eine gleichmäßige Abstrahlung von Wärme von einer größeren Oberfläche wird als behaglich empfunden, weil dadurch eine gleichmäßige Wärmeverteilung im Raum erfolgt. Eine Fußbodenheizung bringt Wärme von unten, Räume sind also nicht mehr fußkalt. *Beheizung*

Zugluft entsteht bei Ritzen oder Spalten, durch die kalte Außenluft unkontrolliert nach innen gelangt. Hier ist die Winddichtigkeit von ausschlaggebender Bedeutung. *Zugluft*

Durch Lüften wird nicht nur die Raumtemperatur reguliert und Luftfeuchte abgeführt, sondern auch Schadstoffe (z.B. Zigarettenrauch, Formaldehyd aus Kunststoffen, Lösungsmittel aus Anstrichen, Kohlendioxyd von der Atmung) aus dem Raum entfernt. *Belüftung*

Die Lüftung sollte kurz, häufig und kräftig erfolgen, als sogenannte Stoßlüftung.

Art der Lüftung	Dauer des Luftaustausches
Querlüftung Fenster geöffnet Fenster/Tür gegenüberliegend geöffnet	1–5 Minuten
Stoßlüftung ein Fenster geöffnet	5–10 Minuten
Kipplüftung/Querlüftung Fenster auf Kippstellung Fenster/Tür gegenüberliegend geöffnet	15–30 Minuten
Kipplüftung/Stoßlüftung Fenster auf Kippstellung	30–60 Minuten

Durch kurzes Lüften werden die Räume nicht ausgekühlt. Wände, Decke und Boden speichern die Wärme. Bei längerem Lüften sinkt auch die Temperatur der Bauteile.

Häufiges Lüften führt regelmäßig die Feuchte und auch die Schadstoffe aus der Raumluft ab.

Kräftiges Lüften, z.B. durch Querlüftung (Durchzug) tauscht die Luft rasch aus, so dass das Lüften nur kurz erfolgen muss.

Im allgemeinen ist ein 0,5-facher Luftwechsel pro Stunde im Durchschnitt bei üblicher Nutzung ausreichend. Das bedeutet, dass die Luft eines Raumes insgesamt einmal komplett in zwei Stunden ausgewechselt werden muss.

3 Schimmelschäden durch Kondensat

3.1 Außenwände

In der Fläche sind Außenwände zumeist ausreichend gegen Schlagregen von außen oder Kondensatbildung von innen geschützt. Fehlstellen in der Außenhaut sind meist leicht zu erkennen, z.B. in Form von Rissen oder Ablösungen des Putzes oder Anstriches. Hiermit sind in der Regel örtlich begrenzte Feuchteschäden verbunden, die in unmittelbarer Umgebung der Fehlstellen außen auftreten.

An einem Wohngebäude, das um 1900 erbaut und in der Folgezeit mehrfach umgebaut und saniert worden war, waren in einem Büroraum im Dachgeschoss Feuchteschäden aufgetreten.

Beispiel:
Fehlender Schutz
gegen Schlagregen

Örtlich wurde festgestellt, dass die Fensterfront des Büroraumes als Schmuckgiebel ausgebildet war. Innenseitig waren an der von außen gesehen linken Seite starke Feuchteerscheinungen. Außenseitig war an dieser Stelle zu erkennen, dass sich der Putz abgelöst hatte und als Scholle vorstand. Hier kann Niederschlagswasser ungehindert in die Wand eindringen. Die Außenwand war neben und unterhalb des losgelösten Putzstückes sichtlich durchnässt. Auch auf der Außenseite waren hier Feuchteflecken sichtbar. *(Abb. 3/1)*

In der Fläche ist auch die für den Kondensatschutz wichtige Wärmedämmung und Dampfsperre einfach zu bewerkstelligen. Schwieriger wird dies an einzelnen Detailpunkten.

Dampfsperre

Abb. 3/1:
Blick von oben entlang des Schmuckgiebels, das abgelöste Putzstück steht als Scholle vor, neben und unter dem abgelösten Putzstück sind Feuchteflecken sichtbar (Farbabbildung s. S. 170)

Hierzu gehören:

- Außenecken
- Anschlüsse von Fenstern oder Türelementen
- Pfeiler
- Heizkörpernischen
- Rolladenkästen
- einbindende Betondecken
- vorgestellte Möbel oder Vorhänge

Außenecken

Außenecken bilden geometrisch bedingte Wärmebrücken. Einer relativ kleinen Innenfläche liegt eine deutlich größere Außenfläche gegenüber. Damit ist die Aufwärmung von der Innenseite her kleiner als die Abkühlung auf der Außenseite. Das Bauteil kühlt so im Eckbereich stärker aus als in der Fläche. Dabei kann die Oberflächentemperatur auf der Innenseite unter die Tautemperatur der Raumluft absinken. In diesem Fall bildet sich Kondensat, das die Wandbaustoffe an der Innenseite durchfeuchtet. Auf dem feuchten Untergrund können sich Schimmelpilze ausbreiten, so dass die Eckbereiche an Außenwänden schwarz verfärbt erscheinen.

Beispiel: Wärmebrücke In einem Bungalow gab es Feuchteschäden an den Außenwänden. Im Schlafzimmer befanden sich die Feuchteschäden unterhalb der Fenster in den Heizkörpernischen sowie in der Außenwandecke. Auch im Kinderzimmer waren Feuchteschäden in der Außenwandecke aufgetreten. Hier gab es einen weiteren Feuchteschaden an der Außenwand in der Ecke zum Flur. Die Feuchteschäden erstreckten sich jeweils von der unteren Ecke aufsteigend an den Wänden, die an die Ecke angrenzten. *(Abb. 3/2)*

Beim Ortstermin, der im Sommer durchgeführt wurde, wurden die Oberflächenfeuchten an den betroffenen Wänden mit einem elektrischen Tastinstrument gemessen. Hierbei wurden keine akuten Durchfeuchtungen der Außenwandecken festgestellt.

Feuchtegehalt Aus der Außenwand wurde in einem betroffenen Teilbereich eine Probe in ca. 5 cm Höhe und eine Probe in ca. 30 cm Höhe jeweils in zwei Stufen entnommen. An diesen Proben wurde der Feuchtegehalt gravimetrisch durch Trocknung der Proben in einem Trockenschrank bestimmt. Hierbei wurden folgende Feuchtegehalte ermittelt:

Probe	Feuchtegehalt
ca. 5 cm Höhe, obere Zone	1,03 Gew%
ca. 5 cm Höhe, tieferer Querschnitt	2,59 Gew%
ca. 30 cm Höhe, obere Zone	1,69 Gew%
ca. 30 cm Höhe, tieferer Querschnitt	2,56 Gew%

Die Außenwand war im betroffenen Bereich in der oberen Zone zum Zeitpunkt der Probenahme gemessen an der Bilanzfeuchte von 1,4 Gew% baupraktisch trocken. Im tieferen Querschnitt war der Feuchtegehalt annähernd doppelt so hoch. Die Feuchtigkeit war hier gespeichert.

Zwischen dem unteren und oberen Bereich gab es keine signifikanten Unterschiede hinsichtlich des Feuchtegehaltes. Eine Durchfeuchtung durch aufsteigende Feuchte hatte also nicht stattgefunden.

Die Außenwände waren mit einem Putz und wasserabweisenden Anstrich versehen. Teilflächen waren verklinkert. An keiner Stelle gab es Risse oder Putzablösungen, die auf eine Hinternässung hätten schließen lassen. Eine Durchnässung durch von außen eindringende Feuchte kann als Ursache für die Feuchteschäden also ausgeschlossen werden.

Abb. 3/2:

Schadenskataster

Die Außenwände bestanden aus Kalksandsteinmauerwerk mit mineralischem Putz oder aufgeklebten Klinkern auf der Außenseite und Putz mit Tapete oder Fliesen auf der Innenseite. Die Gesamtstärke wurde zu 36 cm gemessen. Eine gesonderte Wärmedämmung war also nicht vorhanden.

Dampfbilanz Die Tautemperatur der Raumluft in den betroffenen Räumen (Schlafzimmer, Kinderzimmer) ergibt sich aus der Dampfabgabe in die Raumluft durch die Nutzung und die Dampfabfuhr aus der Raumluft durch Lüftung. Für die Berechnung der Tautemperatur werden folgende Randbedingungen angesetzt:

2 Personen im Schlafzimmer	
2 Personen im Kinderzimmer	
Außentemperatur	$-10\,°C$
Raumtemperatur	$18\,°C$ im Schlafzimmer
Raumtemperatur	$20\,°C$ im Kinderzimmer
Luftwechsel	0,8-fach pro Stunde

Danach ergibt sich die Tautemperatur im Schlafzimmer zu 9,1 °C, im Kinderzimmer zu 16,6 °C.

Wärmedämmung der *Außenwand* Die Oberflächentemperatur auf den von der Raumluft erreichten Wandinnenflächen wird aus dem Wärmedurchgang der Außenwand berechnet. *(Abb. 3/3 u. 3/4)*

Kurzbez.	Bauteil				
A 1	Außenwand Schlafzimmer				
Schichten Folge von innen nach außen		**Schicht-dicke [m]**	**Wärme-leitzahl [W/mK]**	**WdgW d/l WügW 1/a [m² K/W]**	**Temperatur [°C]**
Übergang innen		–	–	0,17	$t_i = 18,0$
1. Tapete / Anstrich		–	–	–	12,2
2. Innenputz		0,015	0,70	0,02	12,2
3. KS-Mauerwerk		0,325	0,56	0,58	11,5
4. Außenputz		0,020	1,4	0,01	$-8,3$
Übergang außen		–	–	0,04	$-8,6$
Summe				0,82	$t_a = -10,0$
Wärmedurchgangszahl (k.Zahl):					1,22 W/m²K
Wärmedämmwert vorhanden ohne Übergänge					0,61 m²K/W
Flächengewicht innenseitig Dämmung					– kg/m²
Wärmedämmwert erforderlich (bei g<300 kg: $0,55+1,20e^{-g/61}$)					0,55 m²K/W
rel. Raumluftfeuchte					60,0 %
Tautemperatur der Raumluft					12,0 °C
Sattdampfdruck der Raumluft 23,40 hPa auf Tapete					14,22 hPa
Kondensat ab rel. Luftfeuchte innen von					60,8 %

Abb. 3/3: *Wärmedurchgangsberechnung Außenwand Schlafzimmer*

3 Schimmelschäden durch Kondensat

Kurzbez.	Bauteil			
A2	Außenwand Kinderzimmer			

Schichten Folge von innen nach außen	Schicht-dicke [m]	Wärme-leitzahl [W/mK]	WdgW d/l WügW 1/a [m² K/W]	Temperatur [°C]
Übergang innen	–	–	0,17	t_i = 20,0
1. Tapete / Anstrich	–	–	–	13,8
2. Innenputz	0,015	0,70	0,02	13,8
3. KS-Mauerwerk	0,325	0,56	0,58	13,0
4. Außenputz	0,020	1,4	0,01	–8,1
Übergang außen	–	–	0,04	–8,5
Summe			0,82	t_a=–10,0

Wärmedurchgangszahl (k.Zahl):	1,22 W/m²K
Wärmedämmwert vorhanden ohne Übergänge	0,61 m²K/W
Flächengewicht innenseitig Dämmung	– kg/m²
Wärmedämmwert erforderlich (bei g<300kg: 0,55+1,20e$^{-9/61}$)	0,55 m²K/W
rel. Raumluftfeuchte	60,0%
Tautemperatur der Raumluft	12,0 °C
Sattdampfdruck der Raumluft 23,40 hPa auf Tapete	15,78 hPa
Kondensat ab rel. Luftfeuchte innen von	67,4%

Im Normalquerschnitt der Außenwand ist der Wärme- und Kondensatschutz nur knapp ausgelegt. An Außenwandecken, wo Wärmeverluste entstehen, ist die Oberflächentemperatur um etwa 1 bis 2 °C niedriger als in der Fläche. Zudem kommt noch ungünstig die Schichtung der Luft hinzu, indem wärmere Luft nach oben steigt und unten kältere Luft bleibt. Damit wird die untere Außenecke nur unzureichend von der Raumluft erwärmt und kühlt wegen der geometrischen Situation entsprechend zusätzlich aus. Berücksichtigt man dies, so bleibt die Tautemperatur der Raumluft nur noch sehr knapp um 1 °C überschritten.

Kondensatschutz der Außenwand

Anschlüsse von Fenstern oder Türelementen

An Fenstern sowie an Türelementen ist der winddichte Anschluss zur Außenwand von Bedeutung. Hierbei reicht es nicht aus, den Zwischenraum zwischen Rahmen und Außenwand dicht auszuschäumen. Auch die Versiegelung der Anschlussfugen mit dauerelastischem Dichtstoff kann auf Dauer nicht die Winddichtigkeit sicher stellen.

Sicherer ist die Herstellung des winddichten Anschlusses mittels einer Folie, die sowohl mit der Außenwand als auch mit dem Rahmen der Fenster fest verbunden wird.

Winddichtigkeit

Fehlt ein solcher winddichter Anschluss, gelangt zum einen kalte Außenluft unkontrolliert nach innen. Hierdurch entstehen nicht nur unliebsame Zugerscheinungen, sondern die kalte Außenluft streicht an Innenbauteilen entlang und kühlt diese ab. Gelangt dann feucht-warme Innenluft an diese ausgekühlten Bauteile, so bildet sich Kondensat, wenn die Tautemperatur der Raumluft von der Oberflächentemperatur dieser Bauteile unterschritten wird.

Ohne einen dichten Anschluss an Fenstern oder Türelementen kann aber auch feucht-warme Raumluft nach außen, in weiter außen gelegene Bauteilschichten dringen. Dabei kühlt die Raumluft ab, die darin enthaltene Luftfeuchtigkeit kondensiert und kann so weiter außen liegende Bauteilschichten durchfeuchten. Ist hiervon die Dämmschicht betroffen, die an der Außenwand im Anschluss zu Fenster bzw. Türelement angebracht ist, so kann diese durch die Kondensatbildung durchfeuchtet werden. Die Folge ist eine Verminderung der Dämmwirkung, weshalb die Außenwand im unmittelbaren Anschlussbereich zu den Fenstern bzw. Türelementen nicht mehr ausreichend gedämmt ist. Hierdurch kann auch an solchen Stellen die Oberflächentemperatur so weit absinken, dass die Tautemperatur der Raumluft unterschritten wird und an den Laibungs- und Sturzflächen Kondensat auftritt.

| Beispiel:
Anschlüsse an
Fenster und Türen | Auf dem Dach eines Hochhauses befand sich ein Penthouse. Die umliegenden Dachflächen waren als Dachterrasse ausgebildet. An den Außenwänden der Penthousewohnung waren starke Feuchteschäden aufgetreten. |

Örtlich war festzustellen, dass sämtliche Außenwände sowie die Innenwände im unmittelbar daran anschließenden Bereich von Feuchte betroffen waren. An vielen Stellen hatte sich bereits Schimmel gebildet. Zur Beseitigung der Schimmelbildung waren Teilbereiche der Wände mit einer Chlorlösung besprüht worden, wodurch zum einen eine starke Geruchsbelästigung in der Wohnung vorhanden war, zum anderen aber auch eine gesundheitliche Beeinträchtigung vorlag.

Die Außenwände bestanden aus Kalksandsteinmauerwerk, wobei die Fugen nicht immer dicht geschlossen waren. Außenseitig war auf die Wände eine Mineralwolledämmung aufgebracht und eine Metallverkleidung auf Profilschienen. Innenseitig waren die Wände mit einer Gipskartonverkleidung versehen. Zwischen dieser Verkleidung und dem Kalksandsteinmauerwerk befand sich ein Luftzwischenraum von 2,5 cm. Die Innenwände bestanden aus Gipskartonständerwänden.

Die Mineralwolledämmung wies sichtliche Nässespuren auf. Sie war zum Teil angerottet und auch in einigen Bereichen verrutscht trotz der Befestigung mit Dübeln.

Im Bereich der Fenster- und Terrassentüranschlüsse klafften Lücken zur Innenverkleidung aus Gipskarton. Die Anschlüsse waren mit Ortschaum ausgeschäumt. Der Ortschaum haftete einerseits am Fensterrahmen, andererseits an einer Holzwolleleichtbauplatte, die hier im Anschlussbereich statt der Mineralwolledämmung aufgebracht war. Ein winddichter Anschluss war hierdurch nicht gegeben. Entsprechend gab es auf der Holzwolleplatte deutliche Feuchtemarken. *(Abb. 3/5)* *Örtliche Feststellungen*

Für den Normalquerschnitt der Außenwände war der Wärmeschutz erfüllt. Dies gilt jedoch nicht für solche Stellen, wo die Winddichtigkeit nicht gegeben ist. Zum einen kann feuchtwarme Raumluft über die Fugen der Gipskartonverkleidung an den Fenster- und Terrassentüranschlüssen bis an das Kalksandsteinmauerwerk und auch bis an die Holzwolleleichtbauplatte gelangen. Über die offenen Fugen im Mauerwerk kann die feuchtwarme Luft bis nach außen an die Mineralwolledämmung dringen. Hier kondensiert die in der Luft enthaltene Feuchte beim Abkühlen der Luft und durchfeuchtet die Holz-

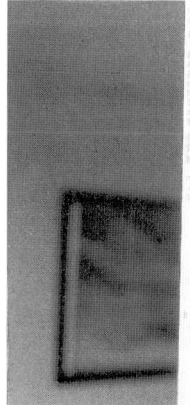

Abb. 3/5:
Anschluss am Fenster mit
einem Spalt
(Farbabbildung s. S. 170)

wolleleichtbauplatte und die Mineralwolledämmung an den Stellen, wo die Fugen im Mauerwerk offen sind.

Mit zunehmender Durchfeuchtung sinkt der Dämmwert, so dass die Dämmwirkung immer mehr abnimmt, ausgehend von den Fehlstellen. Damit wird die Durchfeuchtung größer.

Auch der wasserdichte Anschluss von Fenster- oder Türelementen kann Undichtigkeiten aufweisen, so dass Niederschlagswasser von außen eindringen kann.

Beispiel:
Undichte Anschlüsse
an Fenster und Türen
In einer Villa, die aus zwei Gebäudeteilen besteht, verbunden über einen Zwischentrakt, waren Feuchteschäden am Fußboden im Wohnzimmer aufgetreten. Da im anderen Gebäudetrakt ein Schwimmbad eingebaut war, wurde vermutet, dass die Feuchteschäden durch Kondensat entstehen, weil die Luft aus dem Schwimmbad mit hoher relativer Luftfeuchte bis ins Wohnzimmer gelangt und dort zu Kondensatbildung führen könne.

Örtliche Feststellungen
Örtlich wurde festgestellt, dass sich die Feuchteschäden entlang eines Bodenkanals erstreckten, in dem die Heizung untergebracht war. Dieser Bodenkanal war vor dem raumhohen Fensterelement entlang der Terrasse angeordnet. Die Feuchteschäden zeichneten sich in Form von Flecken in dem an den Bodenkanal anschließenden Teppichboden ab. Auch im Bodenkanal waren Feuchteschäden als Ablagerungen von feinen Salzkristallen auf den Faserzementplatten vorhanden. *(Abb. 3/6 u. 3/7)*

Abb. 3/6:
Flecken von Abtrocknungs-
marken auf dem Teppichboden
im Anschluss zum Bodenkanal
(Farbabbildung s. S. 170)

Abb. 3/7:
Bodenkanal der Heizung
entlang der Außenwand
zur Terrasse, an den
Wandungen sind
Ausblühungen vorhanden
(Farbabbildung s. S. 171)

An der Außenseite war keine Abdichtung am Sockel vor dem Bodenkanal unterhalb des Fensterelementes angebracht. Hier gab es weder eine Bitumenbahn noch einen Schwarzanstrich. Es war lediglich ein mineralischer Mörtel als Sperrputz aufgebracht. Dieser war oberhalb des Terrassenbelages stark mit Algen und Moos bewachsen. Dies ist ein Zeichen dafür, dass hier eine stärkere Beanspruchung durch Spritzwasser stattfindet. *(Abb. 3/8)*

Aus dem Bodenkanal wurden Proben der Faserzementplatten entnommen. An diesen Proben wurde der Feuchtegehalt bestimmt. Hierbei wurde festgestellt, dass sowohl die von der Außenseite als auch die von der Innenseite des Bodenkanals

Feuchtegehalt von Proben

Abb. 3/8:
Außenansicht der
Terrassenwand, Algen
und Moos sind Beleg
für eine stärkere Feuchte-
beanspruchung
(Farbabbildung s. S. 171)

entnommene Probe trocken war, gemessen an der Bilanzfeuchte des Materials. Dies ist plausibel, weil durch die Heizung
im Bodenkanal eine stete Trocknung stattfindet. Zwischen dem
Wandbereich nach außen und dem nach innen gab es gleichwohl einen deutlichen Unterschied im Feuchtegehalt: Die
Probe von der Außenwandung des Bodenkanals wies einen
etwa fünfmal höheren Feuchtegehalt auf als die Probe von der
Innenwandung. Eine derartige Durchfeuchtung kann sowohl
durch von außen eingedrungenes Wasser als auch durch Kondensat auf der nach außen gelegenen Wandung des Bodenkanals hervorgerufen werden.

Da jedoch eine stete Trocknung der Faserzementplatten durch
den Betrieb der Heizung im Bodenkanal stattfindet (nachweis-
lich durch den insgesamt sehr niedrigen Feuchtegehalt), kann
sich im Bodenkanal kein Kondensat bilden, weil die Wandungen des Bodenkanal durch die Heizung warm gehalten
sind. Sie können somit nicht die kältesten Flächen darstellen,
an denen vorzugsweise Kondensat entsteht. Damit kann die
Durchfeuchtung nur von außen stattgefunden haben.

Durchfeuchtung *von außen* Die Außenwandbereiche vor dem Bodenkanal hätten zumindest gegen Erdfeuchte z.B. durch einen Schwarzanstrich ge-
schützt werden müssen. Dies war nicht der Fall, Spritzwasser
konnte den Sockelbereich und damit die unmittelbar dahinter
liegenden Faserzementplatten des Bodenkanals durchfeuchten. Von hier konnte sich das eingedrungene Wasser kapillar in
die weiteren Bauteile verbreiten, auch in den an den Bodenkanal anschließenden Estrich und damit auch in den Teppichboden.

Pfeiler

Kühlrippen Aus der Fläche der Außenwände hervorragende Pfeiler stellen
eine Art Kühlrippe dar. In diesem Bereich ist die Oberfläche des
Bauteils gegenüber seinem Volumen vergrößert. Von der größeren Oberfläche kann vermehrt Wärme an die Umgebung
abgegeben werden, so dass an solchen Pfeilern, ähnlich wie bei
Außenwandecken, ein höherer Wärmestrom vorhanden ist
und die Bauteile somit stärker auskühlen als in der Fläche.

In vielen Fällen kommt erschwerend hinzu, dass die Pfeiler aus
einem anderen Material erstellt werden, z.B. Betonpfeiler in

einem Mauerwerk. Da die einzelnen Baustoffe jeweils unterschiedliche Wärmeleitfähigkeiten aufweisen, entstehen an solchen Stellen Wärmebrücken. Insbesondere wenn die Wände aus wärmedämmenden Ziegeln neben einem Betonpfeiler stehen, ist die Wärmeleitfähigkeit im Bereich des Betonpfeilers deutlich höher als im Bereich der Wandflächen. In diesem Fall kühlt der Betonpfeiler stärker aus als die Wandflächen, so dass die Oberflächentemperatur am Betonpfeiler niedriger liegt als an der Wandfläche. Sinkt die Oberflächentemperatur am Betonpfeiler unter die Tautemperatur der Raumluft, bildet sich Kondensat.

Die Außenwände eines Wohn- und Bürogebäudes bestanden aus einem Stahlbetonskelett mit durchlaufenden Betonpfeilern und gemauerten Brüstungen, dazwischen Fensterbänder. Auf den Brüstungen war ein mineralischer Putz und Anstrich auf Kunststoffbasis aufgebracht. Die Betonpfeiler waren außenseitig mit Putz und Anstrich versehen, innenseitig mit vorgesetztem Kalksandstein und ebenfalls geputzt, wo nicht Innenwände vorgesetzt sind.

Beispiel:
auskragende Bauteile

Für den Wärmeschutz von Wohn- und Arbeitsräumen sind folgende Dämmwerte in DIN 4108 „Wärmeschutz im Hochbau" vorgeschrieben, die mindestens zu erreichen sind:

Anforderungen für den Wärmeschutz

Bauteil/Lage	k-Wert [W/(m²K)]
Außenwände, allgemein	1,39
kleinflächige Einzelbauteile (z. B. Pfeiler)	1,56

Nach der gültigen Wärmeschutzverordnung (WSVO) müssen zur Begrenzung des Wärmedurchganges bei erstmaligem Einbau, Ersatz oder Erneuerung von Außenbauteilen bestehender Gebäude folgende Werte eingehalten oder unterschritten werden:

Bauteil/Lage	k-Wert [W/(m²K)]
Außenwände mit Außendämmung	0,40
außenliegende Fenster, Fenstertüren, Dachfenster	1,8

Der Nachweis erfolgt, indem der k-Wert der Bauteile in $W/(m^2K)$ berechnet und den o.g. Richtwerten gegenübergestellt wird. Der k-Wert ist der Kehrwert des Wärmedurchgangswiderstandes. Letzterer ergibt sich durch Addition der Dämmwerte einzelner Schichten. Hierzu werden die Wärmeleitzahlen der Baustoffe im ordnungsgemäß trockenen Zustand herangezogen, wie sie in DIN 4108 angegeben sind.

Aus den Berechnungen der k-Werte der Bauteile ergeben sich die innenseitigen Oberflächentemperaturen der Bauteilschichten.

Wärmedurchgang Außenwand, Bestand, Regelquerschnitt

k-Wert = 1,56 $W/(m^2K)$
raumseitige Oberflächentemperatur T_i = 13,9 °C

Pfeiler, Bestand

k-Wert = 1,85 $W/(m^2K)$
raumseitige Oberflächentemperatur T_i = 12,8 °C

Dieser Temperaturwert gibt nicht die wahren Verhältnisse wider, weil es sich hier um eine geometrische Wärmebrücke handelt.

neue Isolierverglasung, k_V = 1,3 $W/(m^2K)$

k-Wert laut Angabe
raumseitige Oberflächentemperatur T_i = 14,9 °C

Außenwand, WDVS, Regelquerschnitt

k-Wert = 0,38 $W/(m^2K)$
raumseitige Oberflächentemperatur T_i = 18,5 °C

Pfeiler, WDVS

k-Wert = 0,39 $W/(m^2K)$
raumseitige Oberflächentemperatur T_i = 18,5 °C

Bei einem Raumklima, angesetzt zu 20 °C und 60% rel. Luftfeuchte, liegt die Taupunkttemperatur bei 12,0 °C. Wird diese Temperatur an einer Oberfläche unterschritten, bildet sich an dieser Kondensat.

Aus diesen Fakten folgt zwingend, dass für die Außenwände, insbesondere für die Pfeiler wärmedämmende Maßnahmen ergriffen werden müssen, denn an den Pfeilern bleibt die Tautemperatur nur noch sehr knapp überschritten.

Heizkörpernischen

In Heizkörpernischen ist der Wandquerschnitt gegenüber der übrigen Wandfläche vermindert. Daher ist die Außenwand in diesem Bereich deutlich weniger wärmedämmend, wenn das gleiche Material wie für die übrige Außenwand verwendet wird und nicht zusätzliche Maßnahmen, wie das Vorstellen von innenseitigen Dämmplatten ergriffen wurden.

Querschnittsverminderung in Nischen

Bei der Planung derartiger Heizkörpernischen wird in der Regel vorausgesetzt, dass die Heizung stets zumindest auf niedriger Stufe betrieben wird. Dies ist jedoch nicht immer der Fall. Oft werden Heizkörper im Schlafzimmer oder in der Küche vollständig abgestellt und lediglich die Zimmertüren offengelassen, damit warme Luft aus dem Wohnzimmer über die Diele auch in die anderen Räume der Wohnung zieht. Im Schlafzimmer ist eine niedrigere Raumtemperatur gewünscht. In der Küche geht man davon aus, dass durch die Kochtätigkeit genügend Wärme entsteht. So werden nach Ansicht der Nutzer Heizenergie und insbesondere Kosten gespart.

In diesem Fall werden die Außenwände in den nur mitgeheizten Räumen aber nur wenig erwärmt. Bei vermindertem Dämmwert in den Heizkörpernischen kühlen diese Wandbereiche dann bis unter die Tautemperatur der Raumluft aus. Ein Eintrag von Wasserdampf findet trotzdem statt, weil die feuchtwarme Luft aus den übrigen Räumen ins Schlafzimmer gelangt. Auch in der Küche bringt die Erwärmung durch Kochtätigkeit zugleich einen erheblichen Dampfeintrag in die Raumluft mit sich. Hierdurch ist genügend Feuchte in der Raumluft enthalten, damit sich an kühlen Stellen, wie den weniger gedämmten und nicht durch die Heizung warm gehaltenen Heizkörpernischen Kondensat bildet.

In einem Gebäude aus den 60er Jahren waren Feuchteschäden in den Heizkörpernischen aufgetreten. Vom Eigentümer, der zuvor selbst das Einfamilienhaus bewohnt hatte, wurden diese Feuchteschäden darauf zurückgeführt, dass die nun eingezogenen Mieter nicht ausreichend heizen und lüften würden. Die Außenwände bestanden aus Kalksandsteinmauerwerk mit mineralischem Außenputz. Eine gesonderte Wärmedämmung war nicht vorhanden. In den Heizkörpernischen war die Wandstärke etwa auf die Hälfte vermindert, um genügend Platz für den Heizkörper zu schaffen. Innenseitig war die Heizkörpernische nicht mit einer Dämmplatte versehen.

Der Wärmeschutz im Normalquerschnitt der Außenwände war bereits äußerst knapp ausgelegt. Aus der Wärmedurchgangsberechnung für die Heizkörpernische ist ersichtlich, dass hier der Wärmeschutz nicht erfüllt wird. Solange die Heizkörper in der Nische betrieben wird, wird die Wandfläche in der Nische erwärmt (verbunden mit einem deutlichen Wärmeverlust nach außen und der entsprechenden Energieverschwendung). In diesem Fall ist die Heizkörpernische nicht der kühlste Bereich.

Auch in einer im Hochparterre gelegenen Wohnung waren ausschließlich im Bereich der Heizkörpernische im Schlafzimmer Feuchteschäden aufgetreten. Zusätzlich war der Außenputz im Brüstungsbereich unterhalb des Schlafzimmerfensters geschädigt. Da die Wohnung baugleich mit anderen war, wurden die Schäden zunächst auf Kondensat zurückgeführt. Die Mieter der Wohnung waren dagegen der Meinung, die Feuchteschäden seien auf die Undichtigkeiten des an der Außenseite beschädigten Putzes zurückzuführen.

Örtliche Feststellungen   Am Objekt war festzustellen, dass das Schlafzimmerfenster zum Garagenhof hinaus ging. Unterhalb der im Hochparterre gelegenen Wohnung befanden sich Garagen. Die Garagentore werden laut Angabe der Mieter von spielenden Kindern als Fußballtore genutzt. Deshalb treffe des öfteren ein Fußball den Brüstungsbereich unterhalb des Schlafzimmerfensters. Dadurch seien die Schäden am Putz entstanden.

Der Außenputz wies einen vertikal durchlaufenden Riss auf ca.15cm von der Mitte aus nach, von außen gesehen, links versetzt. An der Rissflanke gab es deutliche Grünverfärbungen durch Algenwuchs.

Des Weiteren gab es deutliche Feuchtemarken mit grünlichen Verfärbungen des Rauhputzes durch Algenbewuchs etwa mittig und an der, von außen gesehen, rechten Seite der Brüstung unterhalb des Schlafzimmerfensters. Hier war der Putz an seiner Oberfläche rauh und leicht krümelig und auch stark verschmutzt. Tiefer reichende Fehlstellen gab es hier aber nicht. (Abb. 3/9)

Abb. 3/9:
Außenputz im Bereich
der Brüstung unterhalb
des Schlafzimmerfensters
geschädigt
(Farbabbildung s. S. 171)

Unterhalb des Schlafzimmerfensters war die Heizkörpernische angeordnet. Die Wandstärke wurde im Normalquerschnitt zu 34 cm gemessen. Die Heizkörpernische hatte eine Tiefe von 14 cm.

Die Schlafzimmergardine reichte bis zur Unterkante der Fensterbank, verdeckte also die Heizkörpernische nicht.

Raumtemperaturen

Die Raumtemperatur betrug 18,1 °C. An der Untersicht der Fensterbank auf der Innenseite wurde eine Oberflächentemperatur von 16,3 °C und in der Heizkörpernische von 16,7 °C gemessen. Die Außentemperatur betrug zum Zeitpunkt der örtlichen Messungen 10,7 °C.

Die Heizung im Schlafzimmer war nicht in Betrieb. Laut Angabe der Mieter werde die Heizung auch nicht oder allenfalls schwach betrieben. Insbesondere nachts werde die Heizung immer ausgeschaltet.

Sowohl an der Untersicht der Fensterbank als auch in der Heizkörpernische gab es Feuchtemarken und leichte Schimmelflecken. Laut Angabe waren die Schimmelflecken bereits mehrfach durch Auftrag eines pilzwidrigen Mittels beseitigt worden.

Die Beanspruchung der Außenwand durch die Dampfbelastung wurde aus der Dampfbilanz ermittelt. Setzt man für die Berechnung an, dass sich im Schlafzimmer zwei Personen aufhalten, und dass die Lüftung so erfolgt, dass stündlich ein 0,5-facher Luftwechsel besteht, so stellt sich die relative Luftfeuchte zu 74,6% ein. Bei einer Raumlufttemperatur von 18 °C im Schlafzimmer liegt die Tautemperatur bei 13,5 °C.

Wärmedurchgangs-berechnung Aus den Unterlagen über das Gebäude geht hervor, dass die Außenwände und auch die Brüstungen unterhalb der Fenster aus Hochlochziegeln bestehen. Berechnet man für die Heizkörpernische den Wärmedurchgang bei −10 °C Außentemperatur und 18 °C Raumtemperatur, so ergibt sich die Oberflächentemperatur in der Heizkörpernische zu 9,2 °C, wenn der Heizkörper nicht in Betrieb ist. Damit wird die Tautemperatur deutlich unterschritten. In der Nische bildet sich Kondensat bei niedrigen Außentemperaturen.

Setzt man dagegen an, dass der Heizkörper in Betrieb ist, so wird die Außenwand in der Heizkörpernische erwärmt. Legt man eine Temperatur in der Heizkörpernische von 25 °C zugrunde, so ergibt sich aus der Wärmedurchgangsberechnung eine Oberflächentemperatur von 15,9 °C auf der Innenseite der Nische. Dabei bleibt die Tautemperatur günstig weit überschritten. Auch bei niedrigen Außentemperaturen bildet sich in diesem Fall kein Kondensat. *(Abb. 3/10)*

Rolladenkästen

Dämmung Rolladenkästen stellen sowohl hinsichtlich der Winddichtigkeit als auch hinsichtlich der Wärmedämmung eine Schwachstelle dar. Oftmals wird zugunsten eines schmaleren Kastens die Wärmedämmung dieses Bauteils vermindert. Besser ist es in solchen Fällen, bei denen nicht genügend Raum für einen größeren Rolladenkasten vorhanden ist, oder ein größerer Rolladenkasten aus optischen Gründen stark störend ist, einen dünneren Rolladen (Mini-Rollladen) zu wählen und die Wärmedämmung in ausreichender Dicke einzubauen.

Kurzbez.	Bauteil				
A	Außenwand				
	Heizkörpernische				

Schichten Folge von innen nach außen	Schicht-dicke [m]	Wärme-leitzahl [W/mK]	WdgW d/l WügW 1/a [m² K/W]	Temperatur [°C]
Übergang innen	–	–	0,17	t_i = 18,0
1. Tapete / Anstrich	–	–	–	9,2
2. Innenputz	0,010	0,70	0,01	9,2
3. Kalksandstein	0,165	0,56	0,29	8,7
4. Außenputz	0,025	0,87	0,03	–6,4
Übergang außen	–	–	0,04	–7,9
Summe			0,54	t_a = 10,0

Wärmedurchgangszahl (k.Zahl):	1,85 W/m²K
Wärmedämmwert vorhanden ohne Übergänge	0,33 m²K/W
Flächengewicht innenseitig Dämmung	– kg/m²
Wärmedämmwert erforderlich	
(bei g<300 kg: 0,55+1,20e$^{-g/61}$)	0,47 m²K/W
rel. Raumluftfeuchte	60,0%
Tautemperatur der Raumluft	12,0 °C
Sattdampfdruck der Raumluft 23,40 hPa auf Tapete	11,56 hPa
Kondensat ab rel. Luftfeuchte innen von	48,1%

Bei der Winddichtigkeit des Rolladenkastens bestehen die glei- *Winddichtigkeit*
chen Probleme wie bei Fenster- und Türelementanschlüssen.
Auch hier kann über undichte Anschlüsse des Rolladenkastens
feucht-warme Raumluft in den kalten Rolladenkasten gelangen. Dort bildet sich an den kühlen Wandflächen des Kastens
Kondensat.

Bei dem Neubau eines Wohngebäudes war auf der Innenseite **Beispiel:**
der Rolladenkästen sehr lückenhaft eine Wärmedämmung aus **verminderter Schutz**
Mineralfaser aufgebracht worden. Nach außen hin war ledig- **bei Rolladenkästen**
lich eine Folie vorhanden. Diese Folie war zu den Randan-
schlüssen nicht winddicht angeschlossen, sondern hing lose.
Hier kann von außen kalte Luft in den Rolladenkasten und von
hier bis ins Gebäude dringen. Auch von innen kann Raumluft
in den Rolladenkasten gelangen. Hier kondensiert die Feuchte
und durchnässte die (Teilstücke der) Wärmedämmung.

Zur Vermeidung solcher Probleme kann der Rolladenkasten
außen vorgesetzt werden, was aber aus optischen Gründen
nicht immer möglich ist.

Einbindende Betondecken

Betondecken, die in Außenwände einbinden, weisen zumeist einen niedrigeren Dämmwert auf als die Außenwände, wenn diese in wärmedämmendem Material (z.b. Leichthochlochziegel) erstellt wurden.

„Kühlrippe" Betondecke Günstigstenfalls wird eine außen angebrachte Wärmedämmung über die einbindenden Betondecken hinweg geführt. Dies ist jedoch insbesondere bei Außenwänden aus wärmedämmendem Material in der Regel nicht der Fall, so dass im Bereich der Betondecke eine Kältebrücke besteht. Die Betonädecke kühlt stärker aus als die weniger wärmeleitenden Wandbereiche. Bei Abkühlung der Betondecke kann an der Innenseite im unmittelbaren Anschluss der Decke zur Wand die Tautemperatur der Raumluft unterschritten werden und sich entsprechend Kondensat bilden.

Zur Vermeidung solcher Schäden muss die Betondecke in ihrem einbindenen Bereich von außen wärmegedämmt werden. Hierzu kann das Deckenauflager, sofern nicht statische Gründe dagegen sprechen, in der Stärke der erforderlichen Dämmschicht ausgeklinkt werden. Die Dämmung sollte dabei ein Stück weit über die Breite der Betondecke hinausgeführt werden, damit auch die räumliche Ausbreitung des Wärmestromes berücksichtigt wird.

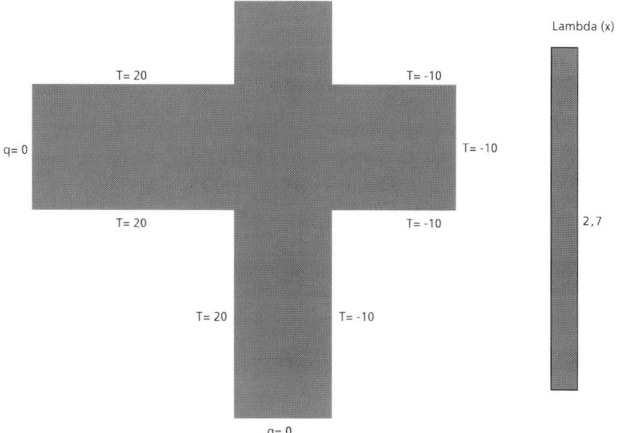

Abb. 3/11:
Schichtenaufbau des
Sturzes und der
auskragenden Betondecke
(Bestand)
(Farbabbildung s. S. 172)

Bei einem mehrgeschossigen Wohn- und Geschäftshaus bestanden die Stürze über den Fenstern aus Beton, außenseitig mit Putz und Anstrich versehen, innenseitig geputzt und tapeziert. Die Betondecke darüber ragt gegenüber dem Sturz leicht hervor, außenseitig wiederum mit Putz und Anstrich versehen, an der Deckenuntersicht mit üblichem Putz ausgeführt.

An dem Gebäude wurden Sanierungsmaßnahmen durchgeführt, indem neue Fenster eingebaut wurden. Hierbei stellte sich für die Architekten die Frage, ob nicht auch die Außenwände, insbesondere im Bereich der Stürze und Gesimse über den Fenstern gedämmt werden müssen.

Der Nachweis für die Wärmedämmung erfolgt, indem der k-Wert der Bauteile in $W/(m^2K)$ berechnet und den Richtwerten gegenübergestellt wird. Der k-Wert ist der Kehrwert des Wärmedurchgangswiderstandes. Letzterer ergibt sich durch Addition der Dämmwerte einzelner Schichten. Hierzu werden die Wärmeleitzahlen der Baustoffe im ordnungsgemäß trockenen Zustand herangezogen, wie sie in DIN 4108 angegeben sind.

Aus den Berechnungen der k-Werte ergibt sich die innenseitige Oberflächentemperatur:

Sturz, Bestand

k-Wert = 2,71 $W/(m^2K)$
raumseitige Oberflächentemperatur T_i = 9,4 °C

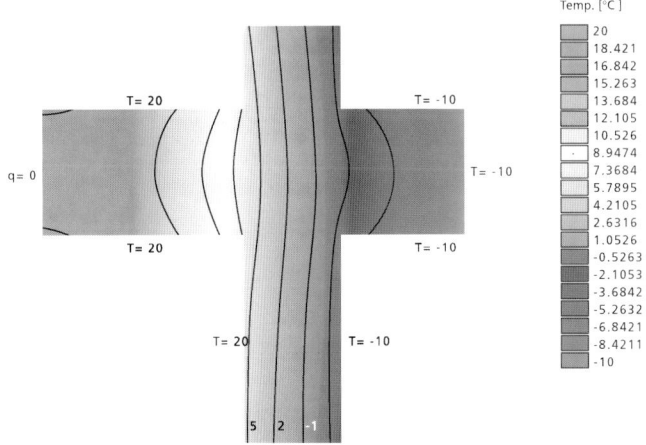

Temp. [°C]
20
18.421
16.842
15.263
13.684
12.105
10.526
8.9474
7.3684
5.7895
4.2105
2.6316
1.0526
-0.5263
-2.1053
-3.6842
-5.2632
-6.8421
-8.4211
-10

Abb. 3/12:

Temperaturverteilung

im Bauteil (Bestand)

(Farbabbildung s. S. 172)

Dieser Temperaturwert gibt nicht die wahren Verhältnisse wider, weil es sich hier um eine geometrische Wärmebrücke handelt. Daher wird die Temperaturverteilung in diesem Bereich detailliert untersucht.

Für den Sturzbereich wird die Berechnung der detaillierten Temperaturverteilung graphisch dargestellt. Zunächst sind die wärmetechnisch relevanten Bauteile schematisch dargestellt. Die darauf folgende Abb. zeigt die Temperaturverteilung. *(Abb. 3/11 – 3/14)*

Aus diesen Berechnungen ergeben sich die raumseitigen Oberflächentemperaturen an der ungünstigsten Stelle wie folgt:

Sturz, Bestand

> raumseitige Oberflächentemperatur T_i = 7,9 °C

Sturz, Wärmedämmverbundsystem

> raumseitige Oberflächentemperatur T_i = 16,5 °C

Die eingesetzten Fenster mit k_F = 1,3 W/(m²K) erfüllen die Anforderungen der gültigen DIN und WSVO. Daher ist nunmehr die raumseitige Oberflächentemperatur auf den Scheiben höher als auf den Wandflächen. Kondensat bildet sich also nicht mehr, wie früher, unschädlich auf den Fensterscheiben, sondern ungünstig auf den Wandflächen mit der Folge von Feuchteflecken und Schimmel.

Lambda (x)

2.7

0.024

Abb. 3/13:
Schichtenaufbau des Sturzes und der auskragenden Betondecke (mit Wärmedämmverbundsystem)
(Farbabbildung s. S. 173)

Bei einem Raumklima, angesetzt zu 20 °C und 60% rel. Luft-feuchte, liegt die Taupunkttemperatur bei 12,0 °C. Wird diese Temperatur an einer Oberfläche unterschritten, bildet sich an dieser Kondensat.

Am Sturz wird die Taupunkttemperatur deutlich unter-schritten, wie auch die detaillierte Berechnung zeigt, denn hier liegt eine geometrische und konstruktive Wärmebrücke vor.

Tauwasserbildung

Aus diesen Fakten folgt zwingend, dass für die Außenwände wärmedämmende Maßnahmen ergriffen werden müssen. Bei erstmaligem Einbau, Ersatz oder Erneuerung von Außenbau-teilen bestehender Gebäude verlangt die gültige Wärme-schutzverordnung zur Begrenzung des Wärmedurchganges, die o.g. Werte einzuhalten oder zu unterschreiten.

Sanierungsmaßnahmen

Durch Aufbringen eines WDVS mit einer Dämmschichtstärke von 8 cm bei WLG 040 werden die genannten Anforderungen erfüllt.

Auch für die kritschen Sturzbereiche kann mit dieser Däm-mung ein Kondensatschaden sicher verhindert werden. An der Sturzuntersicht (analog auch an den Laibungen und Fenster-bänken) muss die Dämmung in einer Mindeststärke von 3 cm auf den Blendrahmen geführt werden.

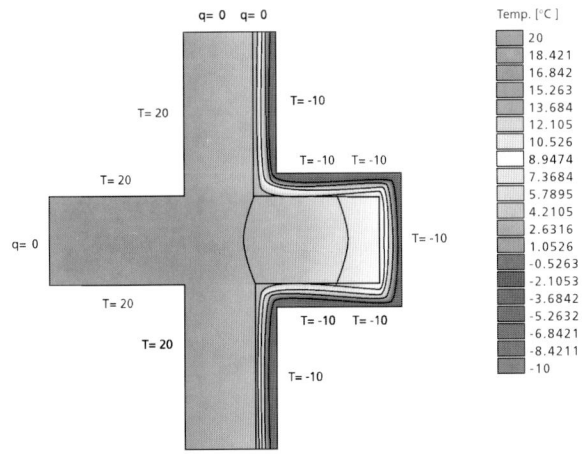

Abb. 3/14:
Temperaturverteilung im Bauteil (mit Wärme-dämmverbundsystem) (Farbabbildung s. S. 173)

Vorgestellte Möbel oder Vorhänge

Innenseitig vor einer Außenwand stehende Möbel oder Vorhänge wirken wie eine Innendämmung. Sie verhindern, dass warme Raumluft in genügender Menge an die Wandfläche gelangt und so die Wand entsprechend erwärmt. Die Wand bleibt somit kühler als die übrigen Wandflächen.

Die innenseitig vorgestellten Möbel oder Vorhänge sind aber nicht luftdicht, so dass die Wandflächen trotzdem von feuchtwarmer Raumluft erreicht werden. Sind die Wandflächen so kühl, dass die Oberflächentemperatur die Tautemperatur der Raumluft unterschreitet, so bildet sich Kondensat hinter den Möbeln bzw. Vorhängen.

Beispiel: vorgestellte Möbel

In einem Neubau waren Feuchteschäden im Eckbereich hinter einem Bücherschrank aufgetreten.

Außenseitig war im Eckbereich ein Thermofühler aufgebracht. Es wurde vermutet, dass hier an der Fassade ablaufendes Niederschlagswasser eindringt, die Dämmung durchnässt und diese Feuchte dann an das Hintermauerwerk weitergegeben wird, was zu der Durchfeuchtung geführt habe.

Die Mieter waren zwischenzeitlich ausgezogen und die Wohnung leer geräumt. Örtlich wurde festgestellt, dass die betroffene Wohnung im Erdgeschoss gelegen ist. Darunter befindet sich eine Tiefgarage. An den Betonwänden der Tiefgarage gab es keinerlei Feuchtemarken. Insofern ist von unten aufsteigende Feuchtigkeit als Ursache der Feuchteschäden auszuschließen.

Örtliche Feststellungen

In der Wohnung gab es lediglich im Bereich der Außenecke Feuchteerscheinungen in Form von Fleckenbildung und Ablösung der Tapete. Diese Feuchteerscheinungen erstreckten sich vom unteren Eckbereich auf einer Länge von ca. 85 cm entlang der Außenwand zur Terrasse und auf einer Länge von ca. 125 cm entlang der Außenwand an der Einfahrt zur Tiefgarage. Die Feuchteflecken erstreckten sich in der Außenecke maximal 22 cm hoch über Oberkante Fußboden. Zu beiden Seiten waren die Feuchteflecken in der Höhe abnehmend. *(Abb. 3/15)*

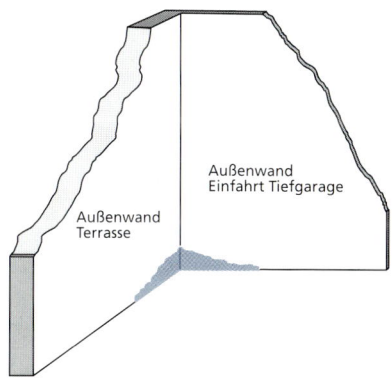

Außenwand
Einfahrt Tiefgarage

Außenwand
Terrasse

An der Seite der Außenwand zur Tiefgarage hin war die Kunst-stoff-Fußleiste auf einer Strecke von ca. 80 cm aus der Ecke heraus entfernt worden. Die unmittelbar daran anschließende Fuß-leiste wurde abgenommen. Dahinter hatten sich Stockflecken gebildet.

Die Oberflächenfeuchtigkeit auf den betroffenen Wandflächen wurde mit einem elektrischen Tastinstrument gemessen. Auf der Wandfläche wurde sowohl im Bereich der Feuchteflecken als auch in den darüber liegenden, sichtlich trockenen Berei-chen ein Feuchtewert von 1,5 Skalenteilen ermittelt. Dieser Wert wurde auch auf einer mit Sicherheit trockenen Innen-wand gemessen. *Oberflächenfeuchte*

Im Bereich der frisch abgelösten Fußleiste wurde dagegen ein Feuchtewert von 12,5 Skalenteilen ermittelt. In dem Bereich, wo die Fußleiste bereits abgelöst war, betrug die Oberflächen-feuchte wiederum 1,5 Skalenteile. Dies ist ein Beleg dafür, dass zwischenzeitlich eine Trocknung der Wand erfolgt ist, wobei diese Trocknung von dampfdichten Belägen, wie es eine Kunst-stoff-Fußleiste darstellt, behindert wird. *(Abb. 3/16 u. 3/17)*

Laut Angabe des Hausmeisters sei der betroffene Raum von den Mietern als Bibliothek genutzt gewesen. An der zur Tiefgara-genzufahrt hin gelegenen Außenwand habe über die gesamte Wandbreite eine Schrankwand mit Büchern gestanden. Dies war nachvollziehbar, denn diese Wand ist vom Zuschnitt des Raumes her die einzige sinnvolle Stellfläche für eine Schrank-wand.

Abb. 3/16:
Feuchteschäden an
der Fußleiste
(Farbabbildung s. S. 174)

Abb. 3/17:
Detailaufnahme
der Stockflecken
(Farbabbildung s. S. 174)

Aufbau der Außenwand Die Außenwände waren mit einem Wärmedämmverbundsystem ausgeführt. Die im Erdgeschoss einbindende Betondecke war außenseitig mit einem Verblendmauerwerk verkleidet, laut Angabe mit einem Streifen Kerndämmung versehen. Die obere Kante des Verblendmauerwerkes stand im Eckbereich leicht vor um maximal 1 cm. Zum Zeitpunkt der örtlichen Besichtigung war die obere Kante des Verblendmauerwerkes mit elastischem Dichtstoff zugeschmiert – eine Maßnahme, die laut Angabe erst nach dem Auftreten von Feuchteschäden vorgenommen worden war.

An der Außenwand gab es keinerlei Ablaufmarken. Der Ortgang war mit einem Dachüberstand ausgebildet. Zudem war das Gebäude von Nachbargebäuden etwa gleicher Höhe umgeben, so dass eine starke Beanspruchung durch Schlag-

regen und damit an der Fassade ablaufendes Niederschlagswasser nicht gegeben sein kann. Am Verblendmauerwerk gab
es entsprechend auch keinerlei Hinweise auf eine etwaige
Durchnässung, z. B. in Form von Dunkelfärbungen oder Ausblühungen.

An der betroffenen Außenwand war im Eckbereich ein Elektro-
kästchen (Thermofühler) auf das Wärmedämmverbundsystem
aufgesetzt. Dieses Kästchen war mit elastischem Dichtstoff zum
Putz angeschlossen. Dies sei von Anfang an so gewesen. Der
Dichtstoff sei lediglich nach Auftreten der Feuchteschäden
noch einmal erneuert worden.

Die Feuchteschäden waren nicht direkt auf den Bereich
unmittelbar an dem Thermofühler begrenzt, sondern deutlich
tiefer auf der Innenseite aufgetreten. Hier gab es keinen erkennbaren Zusammenhang.

Die Innentemperatur auf der von Raumluft erreichten Wand-
innenfläche wird aus dem Wärmedurchgang der Außenwand
berechnet. *(Abb. 3/18)*

Wärmedurchgangs-
berechnung

Bei 20 °C Raumtemperatur und –10 °C Außentemperatur ergibt
sich eine Oberflächentemperatur von 18,0 °C auf der Außen-

Kurzbez. A 1	Bauteil Außenwand			
Schichten Folge von innen nach außen	Schicht- dicke [m]	Wärme- leitzahl [W/mK]	WdgW d/l WügW 1/a [m² K/W]	Temperatur [°C]
Übergang innen	–	–	0,17	t_i = 20,0
1. Tapete / Anstrich	–	–	–	18,0
2. Innenputz	0,015	0,70	0,02	18,0
3. KS-Mauerwerk	0,20	0,56	0,64	17,8
4. Wärmedämmputz	0,06	0,035	1,71	10,3
Übergang außen	–	–	0,04	–9,5
Summe			2,58	t_a = –10,0
Wärmedurchgangszahl (k.Zahl):				0,39 W/m²K
Wärmedämmwert vorhanden ohne Übergänge				2,37 m²K/W
Flächengewicht innenseitig Dämmung				– kg/m²
Wärmedämmwert erforderlich (bei g<300 kg: 0,55+1,20e$^{-g/61}$)				0,55 m²K/W
rel. Raumluftfeuchte				60,0 %
Tautemperatur der Raumluft				12,0 °C
Sattdampfdruck der Raumluft 23,40 hPa auf Tapete				20,65 hPa
Kondensat ab rel. Luftfeuchte innen von				88,2 %

Abb. 3/18:
Wärmedurchgang
Außenwand

wand. Selbst unter Berücksichtigung der Schichtung der Raumluft mit kalter Luft unten und warmer Luft oben, wobei der untere Bereich etwa 1 °C kühler ist, und der Tatsache, dass Außenecken stärker auskühlen als die Wand in der Fläche, wodurch der Eckbereich 1 bis 2 °C kühler ist, bleibt die Tautemperatur noch günstig weit überschritten (18,0 °C – 1,0 °C – 2,0 °C = 15,0 °C > 12,0 °C bei 20 °C Raumtemperatur und 60% relativer Luftfeuchte).

Wärmedurchgang bei vorgestellter Schrankwand Anders sieht dies aus, wenn dicht vor der Wand eine Schrankwand aufgestellt wird. Diese wirkt wie eine Innendämmung, denn die warme Raumluft streicht nicht mehr in ausreichendem Maße über die Außenwand, so dass diese nicht mehr genügend erwärmt wird. (Abb. 3/19)

Die Oberflächentemperatur hinter der Schrankwand sinkt rechnerisch auf 14,7 °C ab. Berücksichtigt man auch hierbei die ungünstigeren Verhältnisse im unteren Eckbereich, so kann die Tautemperatur der Raumluft bereits unterschritten werden (14,7 °C – 1,0 °C – 2,0 °C = 11,7 °C < 12,0 °C bei 20 °C Raumtemperatur und 60% relativer Luftfeuchte).

Hinzu kommt im vorliegenden Fall, dass beim Bezug der Wohnung noch die unvermeidliche Baufeuchte aus der Roh-

Kurzbez. A 2	Bauteil Außenwand mit Schrankwand			
Schichten Folge von innen nach außen	**Schicht-dicke [m]**	**Wärme-leitzahl [W/mK]**	**WdgW d/l WügW 1/a [m² K/W]**	**Temperatur [°C]**
Übergang innen	–	–	0,13	t_i = 20,0
1. Schrankwand	–	–	0,38	18,7
2. Innenputz	0,015	0,70	0,02	14,7
3. KS-Mauerwerk	0,24	0,56	0,64	14,5
4. Wärmedämmputz	0,06	0,035	1,71	7,9
Übergang außen	–	–	0,04	–9,6
Summe			2,92	t_a=–10,0
Wärmedurchgangszahl (k.Zahl):				0,34 W/m²K
Wärmedämmwert vorhanden ohne Übergänge				2,37 m²K/W
Flächengewicht innenseitig Dämmung				– kg/m²
Wärmedämmwert erforderlich (bei g<300kg: 0,55+1,20e$^{-g/61}$)				0,55 m²K/W
rel. Raumluftfeuchte				60,0%
Tautemperatur der Raumluft				12,0 °C
Sattdampfdruck der Raumluft 23,40 hPa auf Tapete				16,74 hPa
Kondensat ab rel. Luftfeuchte innen von				71,5%

Abb. 3/19:

Wärmedurchgang

Außenwand mit

vorgestellter

Schrankwand

bauphase in den Außenwänden vorhanden war. Durch das Aufstellen einer Schrankwand wird die Trocknung der betroffenen Außenwand behindert. Durch den erhöhten Feuchtegehalt wird die Dämmwirkung herabgesetzt, wodurch wiederum die Oberflächentemperatur abgesenkt wird. Damit stellt sich die Situation hinter der Schrankwand noch ungünstiger dar.

3.2 Decken- und Dachuntersichten

Decken unter Flachdächern stellen in der Fläche keine besonderen Probleme hinsichtlich der Wärmedämmung und Winddichtigkeit. Schwierigkeiten können lediglich an Übergängen zu anderen Bauteilen sowie an Durchführungen von Rohrleitungen oder Schornsteinen bestehen. *Flachdächer*

Auch bei Steildächern lässt sich die Untersicht der Dachflächen meist mit einfachen Mitteln dämmen, indem zwischen den Sparren eine Wärmedämmung eingebracht wird. Auch die Windsperre kann in Form einer Folie in der Fläche leicht an den Sparren befestigt werden. Auch bei diesem Bauteil bestehen die Probleme an den Anschlüssen und Übergängen. *Steildächer*

Zu den Problempunkten gehören:

Flachdach
• Anschlüsse zu Lichtkuppeln
• Rohrdurchführungen
• Anschlüsse zu aufgehenden Bauteilen
• Anschlüsse zum Dachrand

Steildach
• Anschlüsse an Dachflächenfenster
• Rohrdurchführungen
• Anschlüsse zu aufgehenden Bauteilen
• Anschlüsse an Traufe und First

Flachdach

• Anschlüsse zu Lichtkuppeln

Lichtkuppeln Feuchteschäden an Lichtkuppeln beruhen zumeist auf Undichtigkeiten an den Anschlüssen der Abdichtungsbahn zum Bohlenkranz der Lichtkuppel. Meist ist die Dampfdichtigkeit nicht sichergestellt, obwohl die Folie leicht am Bohlenkranz der Lichtkuppel angeschlossen werden kann.

Beispiel: Undichtigkeiten An einem Wohngebäude mit Schwimmhalle waren Sanierungsarbeiten an der Dachfläche durchgeführt worden. Zum Zeitpunkt der örtlichen Besichtigung war die Dachfläche freigeräumt und die unterste Lage Bitumenbahn (Dampfsperre) aufgebracht. Sodann waren die Arbeiten offenbar witterungsbedingt unterbrochen worden. Die Dachfläche soll anschließend Dämmung und Abdichtung sowie eine Begrünung erhalten.

Schadensbild Im Bereich des Schwimmbades gab es vermooste bzw. veralgte Ablaufmarken an nahezu allen runden Oberlichtern. Bei sämtlichen der Oberlichter war der Metallrahmen korrodiert und hatte an der Deckenuntersicht Rostmarken hervorgerufen. Am Rand des rechteckigen Oberlichtes hatten sich Tropfsteine gebildet. Auch an einem im Randbereich der Decke vorhandenen Ventilator gab es deutliche Korrosionserscheinungen und Feuchtemarken.

In der Fläche der Deckenuntersicht gab es zwei Teilbereiche, die tropfnass waren. Hier gab es Feuchteflecken, teilweise Ablösung des Anstriches sowie einzelne Wassertropfen, die an der Deckenuntersicht hingen.

In vier Teilbereichen gab es stärkere Ablaufmarken an den Wänden. Diese Ablaufmarken gingen jeweils vom Übergang Wand/Decke aus.

Die Dachfläche war durch Überzüge in einzelne Felder unterteilt. Hier stand in Teilbereichen Wasser in Pfützen auf der als Dampfsperre aufgebrachten Bitumenbahn. Etwa 40% der zu sanierenden Dachfläche war mit einer etwa 5 cm starken Eisschicht belegt.

Die auf dem Betonuntergrund aufgebrachte Abdichtungsbahn war sehr wellig, dies ist ein Hinweis darauf, dass offenbar keine Ausgleichsschicht aufgebracht worden war.

Zu den aufgehenden Bauteilen waren keine Passstücke angebracht. An den aufgehenden Bauteilen war die Abdichtungsbahn der Dampfsperre auch nicht korrekt hochgeführt, sondern freihängend befestigt. Dadurch ließ sie sich leicht mit
dem Fuß im Kehlbereich eindrücken.

An einzelnen Stellen gab es in der Abdichtung bereits Risse und
Brüche, so dass die als Dampfsperre verlegte Abdichtungsbahn
akute Undichtigkeiten aufweist.

Die bisher zur Dachsanierung ausgeführten Arbeiten waren
nicht korrekt erbracht. Gemäß Abschnitt 6.3.2, Absatz 6 der
Flachdachrichtlinien können Dampfsperren aus Bitumenbahnen vorübergehend zwar als behelfsmäßige Abdichtung
dienen. Dies war im vorliegenden Fall offenbar so vorgesehen.
Allerdings konnte die vorhandene Abdichtungsbahn keine korrekte Abdichtungswirkung erzielen, weil in der Bahn bereits
Risse und Brüche vorhanden waren.

Erfolglose Dachsanierung

Gemäß Abschnitt 6.3.2, Absatz 5 der Flachdachrichtlinien sind
Dampfsperren an An- und Abschlüssen bis über die Dämmschicht hochzuführen und anzuschließen, an Durchdringun-
gen ebenfalls anzuschließen. Dies war im vorliegenden Fall an
keiner Stelle korrekt erfolgt. Insbesondere an aufgehenden
Bauteilen war die Bahn weder korrekt über einen Dämmkeil
hochgeführt, noch weit genug hochgeführt, noch oberseitig
angeschlossen. An diesen Stellen kann zum einen Niederschlagswasser ungehindert eindringen, was zu den entsprechenden Feuchteschäden an den darunterliegenden Bauteilen
geführt hatte. Ferner kann aber auch Wasserdampf ungehindert über diese Undichtigkeiten später an die Dämmung
gelangen und diese durchfeuchten. Dann aber büßt die Wärmedämmung einen Teil ihrer Dämmwirkung ein, so dass Kondensatschäden an der Deckenuntersicht insbesondere in den
Eckbereichen unvermeidlich werden.

Die vorhandene Ausführung der Dampfsperre hat dazu
geführt, dass die Betonplatte der Decke mittlerweile stark
durchnässt ist. Dies wird im Folgenden zu Problemen zum
Ersten beim Neuauftrag der Abdichtung führen und zum
Zweiten über einen längeren Zeitraum zu Schwitzwasser-
bildung an der Deckenuntersicht des Schwimmbades führen.

• Rohrdurchführungen

Rohrdurchführungen müssen mit Dichtmanschetten eingefaßt werden. Hierdurch können Undichtigkeiten der Anschlüsse vermieden werden.

Da die Rohrleitungen auf dem Dach meist frei stehen, wirken sie wie ein Kühlstab. Damit kann sich Kondensat an der Rohrleitung unterhalb der Deckenschicht bilden. Dieses an der Rohrleitung ablaufende Kondenswasser wird meist irrtümlich auf Undichtigkeiten an der Rohrleitung zurückgeführt.

Beispiel:
Undichte
Durchführungen Ein Wohn- und Geschäftsgebäude war durch ein Flachdach abgeschlossen. Die Dachrandanschlüsse waren in den meisten Fällen unsauber hingebastelt, indem die Bitumenbahnen aus der Fläche zwar hochgeführt, Eckbereiche jedoch nicht mit entsprechenden Passstücken ausgebildet wurden. Einläufe und und Lüftungsstutzen waren nicht mit einer Dichtmanschette am Flansch an die Abdichtung angeschlossen.

An der Untersicht waren im Hohlraum der Unterdecke an den Rohrdurchführungen bereits Ablaufmarken sichtbar.

• Anschlüsse zu aufgehenden Bauteilen

An aufgehenden Bauteilen, wie höher aufragenden Gebäudeteilen, kann die an diesen Bauteilen hochgeführte Abdichtung hinterlaufen werden, wenn die Abdichtungsbahnen nicht dicht angeschlossen und regensicher verwahrt sind.

„Kühlrippe" Dachrand Da auch höher aufragende Gebäudeteile in den meisten Fällen gedämmt sind, treten keine Kühlrippeneffekte auf.

**Beispiel:
Undichte Anschlüsse** Eine Mietwohnung war in einem eingeschossigen Anbau untergebracht, der hofseitig zum mehrgeschossigen Hauptgebäude gelegen war. An den Dachuntersichten gab es im Anschluss zu den Außenwänden, aber auch im Anschluss zum Hauptgebäude Feuchteschäden mit Schimmelbildung.

Örtlich wurde festgestellt, dass sämtliche Wände des Anbaues als Außenwände zu betrachten sind, denn auch die Wand zum Hauptgebäude hatte unmittelbaren Kontakt zur Außenluft, weil hier eine Hofdurchfahrt gelegen ist.

An der Wand zum Hauptgebäude hatte ein Kleiderschrank gestanden, der die gesamte Wandfläche eingenommen hatte. Dieser Schrank war zum Zeitpunkt der örtlichen Überprüfung in die Zimmermitte gerückt. An der Wand zum Hofdurchgang sowie an der Rückwand des Schrankes waren Schimmelpilze sichtbar als pelziger Belag. Der Schimmelbefall dehnte sich über die gesamte Raumhöhe aus. *(Abb. 3/20 u. 3/21)*

Abb. 3/20:
Schimmelbefall und
Feuchteflecken zeichnen
deutlich den Standort des
Schlafzimmerschrankes nach
(Farbabbildung s. S. 174)

Abb. 3/21:
„pelziger" Belag auf
dem Schrank
(Farbabbildung s. S. 175)

Auch an den anderen Außenwänden im Anbau waren Feuchte- und Schimmelflecken vorhanden. Von außen war sichtbar, dass in den Wänden Risse vorhanden waren. Diese Risse waren nachträglich verspachtelt worden. Dennoch waren die Bereiche noch sichtlich durchfeuchtet, erkennbar an der Dunkelfärbung des Mauerwerkes und des Außenputzes.

Die Außenwände des Anbaues bestanden aus massivem Ziegelmauerwerk, innen- und außenseitig mit mineralischem Putz versehen. Die Gesamtstärke wurde zu 56 cm gemessen. Eine Wärmedämmung war nicht vorhanden.

Das Flachdach des Anbaues war mit Bitumenbahnen abgedichtet. Diese Bahnen waren auf einer Brettschalung aufgebracht, die auf Holztragbalken aufgebracht waren. Zwischen den Balken befand sich lediglich eine Schüttung. Eine Wärmedämmung war auch hier nicht vorhanden. Am aufgehenden Mauerwerk des Hauptgebäudes war die Abdichtung lediglich hochgeschlagen, nicht aber verwahrt. Hier konnte Niederschlagswasser hinter die lediglich hochgestellte Abdichtung laufen und den Wandbereich unmittelbar darunter durchfeuchten.

Aus der Wärmedurchgangsberechnung geht hervor, dass das massive Mauerwerk den Wärmeschutz nur knapp erfüllt. Auf der Innenseite entsteht bei $-10\,^\circ$C Außentemperatur und $20\,^\circ$C Raumtemperatur eine Oberflächentemperatur von $14{,}8\,^\circ$C. Diese Temperatur liegt über der Tautemperatur der Raumluft von $12{,}0\,^\circ$C.

Dämmwert bei Durchfeuchtung Bei Durchfeuchtung des Mauerwerkes sinkt der Dämmwert. Dann ist der Kondensatschutz nicht mehr erfüllt. Eine solche Durchnässung hatte stattfinden können, denn zum einen gab es Risse im Außenputz der Wände. In diese Risse konnte Niederschlagswasser eindringen und die Außenwände durchfeuchten. Zwar war diese Feuchtequelle zwischenzeitlich abgestellt, die Trocknung der Außenwände erfolgt allerdings nur langsam. Zum Weiteren war die Abdichtung des Flachdaches nicht korrekt am aufgehenden Mauerwerk des Hauptgebäudes angeschlossen. Auch hier konnte Wasser eindringen und das Mauerwerk der Außenwand zur Hofdurchfahrt durchfeuchten.

• Anschlüsse zum Dachrand

Der Dachrand stellt eine Sonderform des Anschlusses zu aufgehenden Bauteilen dar. Hier wird allerdings die Wärmedämmung des hochgeführten Dachrandes oft vernachlässigt. Fehlt die Wärmedämmung innen- und außenseitig am Dachrand, so wirkt dieser wie eine Kühlrippe. Die Oberfläche außen ist deutlich größer als die Oberfläche innen. Daher ist der Wärmenachschub von innen durch warme Raumluft kleiner als die Wärmeabgabe nach außen. Die Oberflächentemperatur auf der Innenseite unterhalb des aufragenden Dachrandes sinkt dadurch ab. Wird hier die Tautemperatur der Raumluft unterschritten, bildet sich Kondensat auf den Flächen unterhalb des Dachrandes.

In einem Mehrfamilienhaus waren in der Wohnung im obersten Geschoss im Schlafzimmer Feuchte- und Schimmelschäden aufgetreten. Der Vermieter führte diese Schäden auf mangelhaftes Heizen und Lüften der Mieter zurück. Diese waren dagegen der Ansicht, dass Wasser vom Dachrand her eindringe.

Beispiel:
Undichter Dachrand

Bei einer örtlichen Besichtigung wurde festgestellt, dass es sich um eine langgestreckte Wohnung handelt, wobei das Schlafzimmer den Abschluß bildet. Das Schlafzimmer ist also ein Raum mit drei Außenwänden. Darüber war eine Dachterrasse angelegt.

In einem Bereich der Außenecke waren erhebliche Feuchteschäden sichtbar. Hier gab es Verfärbungen, Schimmelbildung und auch salzige Ausblühungen. *(Abb. 3/22)*

Von den Mietern wurden Fotos vorgelegt. Darauf war zu erkennen, dass das Mauerwerk im oberen Eckbereich freilag. Hier war der Außenputz auf einer größeren Teilfläche beschädigt und abgeplatzt. Zum Zeitpunkt des Ortstermines war der Außenputz bereits saniert worden durch Auftrag eines kunststoff-modifizierten, also dampfsperrenden Putzmaterials.

Der Dachrand war korrekt mit einer Abdichtung und einer Abdeckung versehen, die auch einen Überstand aufwies. Auf beiden Seiten war die Dachrandaufkantung mit in die Wär-

Dachrand gedämmt

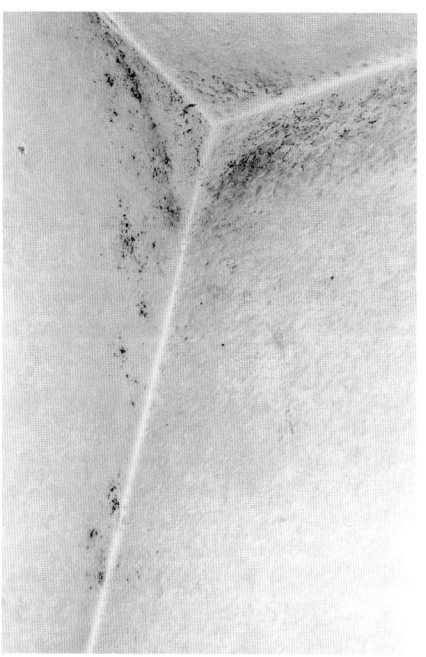

medämmung einbezogen. Insofern gab hier keinerlei Kältebrücke und auch keine Undichtigkeiten, in die Wasser hätte
eindringen können.

Die Außenwand besteht aus Bimssteinmauerwerk. Im Normal-
fall erfüllt diese Außenwand die Anforderungen an den
Wärme- und Kondensatschutz. Bei Durchfeuchtung des Bims-
steinmauerwerkes sinkt der Dämmwert jedoch deutlich ab.
Dann bildet sich bei niedrigen Außentemperaturen Kondensat.
Hierdurch wird das Mauerwerk (erneut) durchfeuchtet. *(Abb.
3/23 u. 3/24)*

Durch den außenseitig aufgebrachten dampfsperrenden Putz
kann eine Trocknung von ehemals eingedrungener Feuchte
nur nach innen erfolgen. Entsprechend zeichnen sich Feuchteflecken ab. Die Feuchtigkeit war über die Fehlstelle im Außenputz eingedrungen. Zwar ist diese Fehlstelle inzwischen
behoben. Die Feuchte ist jedoch im Bimssteinmauerwerk
gespeichert und trocknet nur langsam aus.

Kurzbez.	Bauteil			
A 1	Außenwand			

Schichten Folge von innen nach außen	Schicht- dicke [m]	Wärme- leitzahl [W/mK]	WdgW d/l WügW 1/a [m² K/W]	Temperatur [°C]
Übergang innen	–	–	0,17	t_i = 20,0
1. Tapete / Anstrich	–	–	–	15,2
2. Innenputz	0,015	0,70	0,02	15,2
3. Bimsstein	0,24	0,29	0,83	14,7
4. Außenputz	0,020	1,4	0,01	−8,5
Übergang außen	–	–	0,04	−8,9
Summe			1,07	t_a=−10,0

Wärmedurchgangszahl (k.Zahl):	0,93 W/m²K
Wärmedämmwert vorhanden ohne Übergänge	0,86 m²K/W
Flächengewicht innenseitig Dämmung	– kg/m²
Wärmedämmwert erforderlich	
(bei g<300 kg: 0,55+1,20e$^{-g/61}$)	0,55 m²K/W

rel. Raumluftfeuchte	60,0 %
Tautemperatur der Raumluft	12,0 °C
Sattdampfdruck der Raumluft 23,40 hPa auf Tapete	17,29 hPa
Kondensat ab rel. Luftfeuchte innen von	73,9 %

Kurzbez.	Bauteil			
A 2	Außenwand durchnäßt			

Schichten Folge von innen nach außen	Schicht- dicke [m]	Wärme- leitzahl [W/mK]	WdgW d/l WügW 1/a [m² K/W]	Temperatur [°C]
Übergang innen	–	–	0,17	t_i = 20,0
1. Tapete / Anstrich	–	–	–	12,1
2. Innenputz	0,015	0,70	0,02	12,1
3. Bimsstein nass	0,24	0,58	0,41	11,2
4. Außenputz	0,020	1,4	0,01	−7,7
Übergang außen	–	–	0,04	−8,1
Summe			0,65	t_a=−10,0

Wärmedurchgangszahl (k.Zahl):	1,54 W/m²K
Wärmedämmwert vorhanden ohne Übergänge	0,44 m²K/W
Flächengewicht innenseitig Dämmung	– kg/m²
Wärmedämmwert erforderlich	
(bei g<300 kg: 0,55+1,20e$^{-g/61}$)	0,55 m²K/W

rel. Raumluftfeuchte	60,0 %
Tautemperatur der Raumluft	12,0 °C
Sattdampfdruck der Raumluft 23,40 hPa auf Tapete	14,13 hPa
Kondensat ab rel. Luftfeuchte innen von	60,4 %

Steildach

• Anschüsse an Dachflächenfenster

Dachflächenfenster Anschlüsse an Dachflächenfenster müssen regensicher und winddicht erstellt werden. Durch die rinnenförmige Führung der Unterspannbahn wird hierauf ablaufendes Niederschlagswasser um das Dachflächenfenster herum geleitet.

Winddichte Anschlüsse verhindern zum einen, dass kalte Außenluft nach innen vordringt und so zu unangenehmen Zugerscheinungen und Auskühlung von innen liegenden Bauteilen führt, und zum Weiteren, dass feucht-warme Innenluft nach außen dringt und dort an kalte außen liegende Bauteile gelangt. In beiden Fällen kann sich Kondensat bilden mit der Folge von Feuchte- und Schimmelschäden.

Beispiel: fehlende Dampfsperre Im Dachgeschoss eines Mehrfamilienhauses war ein Wohnung untergebracht, die sich auch auf den Spitzboden erstreckte. Die Dachuntersicht im Raum des Spitzbodens war nicht korrekt verkleidet. Es waren lediglich weiße Tücher zur Verkleidung angebracht.

Örtliche Feststellungen Örtlich wurde festgestellt, dass zwischen den Sparren eine Mineralwolledämmung angebracht war. Diese Dämmung war unterseitig mit einer Alukaschierung versehen. Eine durchgehende dichte Dampf- und Windsperre fehlte allerdings. Daher kann feucht-warme Raumluft in die Dämmung gelangen, dort auskühlen mit der Folge von Kondensatbildung und Durchfeuchtung der Dämmung. Einzelne Teilstücke der Dämmung hingen lose herab. Desweiteren kann kühle Luft von außen in den Dachraum eindringen, was sich als Zugluft bemerkbar macht.

Unterspannbahn Die Unterspannbahn, die unter die Dachdeckung getriebenes Niederschlagswasser ableiten soll, war am First abgerissen. Zudem war die Folie der Unterspannbahn altersbedingt mürbe geworden, so dass sie auch in der Fläche zahlreiche Fehlstellen aufwies, an denen ebenfalls Wasser eindringen kann.

Dampfsperre Im Dachraum befand sich ein Dachflächenfenster. Dieses sei laut Angabe in letzter Zeit ausgetauscht worden, weil das alte Fenster undicht gewesen sei. An den Stoffbahnen, die um das

Fenster herum an der Dachuntersicht angetackert waren, waren Feuchtemarken sichtbar. Zum Zeitpunkt des Ortstermines waren akute Durchfeuchtungen allerdings nicht vorhanden. Da unterseitig der Dämmung jedoch keine durchgehende Dampfsperre vorhanden war, besteht auch kein dampfdichter Anschluss am Dachfenster. Hier kann feuchtwarme Raumluft in die Mineralwolle-Dämmung gelangen und diese infolge Kondensatbildung durchfeuchten.

• Rohrdurchführungen

Durch Rohrdurchführungen wird die Windsperre bzw. Dampfsperre unterbrochen. Zumeist wird die Folie einfach aufgeschnitten und das Rohr hindurchgeführt. Eine gesonderte Manschette wird selten eingebaut. Damit kann über diese Lücken zum einen kalte Außenluft nach innen vordringen und innen gelegene Bauteile abkühlen sowie zu unliebsamen Zugerscheinungen führen. An den abgekühlten Bauteilen bildet sich Kondensat. Zum anderen kann feucht-warme Raumluft nach außen gelangen. Dort trifft sie auf kalte Außenbauteile. Daran schlägt sich Kondensat nieder, so dass Durchfeuchtungen dieser Außenbauteile auftreten.

In einem Mehrfamilienhaus wurde das Dachgeschoss einschließlich Spitzboden zu einer Wohnung ausgebaut. Nachdem die ausführende Firma einen großen Teil der Leistungen in Rechnung gestellt hatte, ließ der Bauherr die Umbaumaßnahmen von einem Architekten kontrollieren. Dieser stellte fest, dass die in Rechnung gestellten Leistungen zum Teil nicht einmal begonnen waren. Bereits teilweise durchgeführte Arbeiten waren fachwidrig erstellt. **Beispiel: fehlende Winddichtigkeit an Rohrdurchführungen**

Bei der Besichtigung wurde festgestellt, dass im Bereich des Spitzbodens die dampfsperrende Folie nur teilweise über die Dachbalkenkonstruktion des Daches geführt worden war. *(Abb. 3/25)*

Der Dachaufbau war im einzelnen wie folgt: Unter den Dachpfannen war zwischen Lattung und Konterlattung die Unterspannbahn geführt. Zwischen den Dachsparren war dann die Dämmung gelegt, die keine besonderen feuchteabweisenden *Dachaufbau*

Eigenschaften (z. B. „Auf-Latten-Dämmung") aufwies und zudem keinerlei Abstand zur Unterspannbahn zwecks Hinterlüftung hatte. Darunter war eine PE-Folie montiert, die üblicherweise als Dampfsperre zum Schutz der Dämmung gegen Raumluftfeuchte eingesetzt wird. Diese Folie hatte mehrere Fehlstellen.

Die Folie und die dahinter befindliche Dämmung wurden von einer Lattung, die auf den Dachsparren montiert war, gehalten. Auf entsprechender Lattung waren die Trockenbauplatten zumindest in Teilbereichen montiert.

Sämtliche Durchführungen des Dachstuhles sowie an den stillgelegten und auch an den noch nicht stillgelegten Schornsteinen waren nicht fachgerecht, bzw. noch nicht ausgeführt.

Sämtliche Fugen zwischen den Trockenbauplatten in den Eckbereichen, also nicht in der Fläche, waren nicht fachgerecht bzw. noch nicht geschlossen worden, so dass auch hierdurch nicht eine Dampfsperre gegeben ist.

Das Entlüftungsrohr für Abwasserleitungen der Hausinstallationen war auf einer Länge von ca. 4 m unverkleidet verlegt und dann durch das Dach ins Freie geführt. *(Abb. 3/26)*

Der Dachaufbau war also üblich erfolgt. Die Dampfsperre aus PE-Folie wies jedoch mehrere Fehlstellen auf. An diesen Stellen kann feuchtwarme Raumluft in die dahinter befindliche Dämmung gelangen. Da innerhalb des Dämmquerschnittes die

Temperatur im Baustoff von Raumtemperatur auf Außentemperatur absinkt, ist im Winter nicht auszuschließen, dass sich innerhalb der Dämmung Kondensat bildet. Dadurch wird die Dämmung durchnässt, zumindest aber durchfeuchtet, was zu einer Verminderung der Dämmwirkung führt.

Der Dachausbau am Objekt war zwar prinzipiell üblich ausgeführt mit Unterspannbahn unter den Dachpfannen, Mineralfaserdämmung zwischen den Dachsparren, PE-Folie als Dampfsperre und unterseitiger Verkleidung aus Gipskartonplatten. Im konkreten Detail waren diese Arbeiten jedoch nicht fachgerecht ausgeführt. So war die Mineralfaserdämmung in derartiger Stärke zwischen den Sparren eingebracht, dass sie den Raum zwischen Dampfsperre einerseits und Unterspannbahn andererseits, also den Sparrenraum vollständig ausfüllt. Eine Unterlüftung, respektive Überlüftung der Dämmung, also ein Luftzug zwischen Dämmung und Unterspannbahn war somit nicht mehr gegeben.

Belüftung der Dämmung

Um die Überlüftung der Dämmung sicherzustellen, muss hier ein Zwischenraum von mindestens 2,4 cm bei der vorhandenen Sparrenlänge des Daches vorhanden sein. Eine derartige Überlüftung ist fachtechnisch wichtig, damit die Dämmung auch dann abtrocknen kann, wenn durch Lücken oder Fehlstellen trotz aller Sorgfalt bei der Verlegung von Unterspannbahn und Dampfsperre doch Feuchtigkeit eingedrungen ist. Insofern liegt ein Verstoß gegen die anerkannten Regeln der Baukunst vor.

Die PE-Folie als Dampfsperre zum Schutz der Dämmung gegen feuchtwarme Raumluft war nicht durchgehend dicht verlegt, sondern hier gab es zahlreiche Fehlstellen in der Fläche. Im Firstbereich gab es zudem eine größere Lücke. An den Rohrdurchführungen war die PE-Folie nicht dicht angeschlossen. An diesen Stellen kann feuchtwarme Raumluft in die Dämmung gelangen. Dort bildet sich dann Kondensat, so dass die Dämmung allmählich durchfeuchtet. Mit zunehmender Durchfeuchtung verliert die Dämmung aber ihre Dämmwirkung. Insofern liegt hier ebenfalls ein Verstoß gegen die anerkannten Regeln der Baukunst vor.

Anschlüsse zu aufgehenden Bauteilen

An aufgehenden Bauteilen, wie Giebelwänden von Nachbargebäuden oder Schornsteinen, muss die Unterspannbahn hochgeführt werden, damit eine Rinne entsteht, in der das unter die Dachdeckung gelangte Niederschlagswasser ablaufen kann. Wird eine solche Hochführung nicht ausgebildet, kann Wasser sowohl in die Giebelwand des Nachbargebäudes als auch in die unmittelbar unterhalb liegende Dachuntersicht eindringen und hier zu Feuchteschäden mit Schimmelbildung in Folge führen.

Beispiel: Undichtigkeit am Anschluss

An einem Mehrfamilienhaus waren im Treppenhaus Feuchteschäden aufgetreten. Unmittelbar oberhalb des geschädigten Bereiches befand sich der gemauerte Schornstein. Dieser war außenseitig mit Platten verkleidet. Die Dachdeckung aus Dachpfannen war seitlich angeschlossen. Die Dachpfannen lagen sämtlich dicht in den Falzen. Der seitliche Anschluss zum Schornstein war mit Bleilappen ausgeführt, wobei diese hinter die Plattenverkleidung des Schorsteines hochgeführt waren. An einzelnen Stellen überlappten die Bleilappen nur knapp und griffen unter die Dachpfannen. *(Abb. 3/27)*

Der Anschluss der Dachdeckung zum Schornstein wurde geöffnet. Dabei war sichtbar, dass die Unterspannbahn nicht am gemauerten Schornstein hochgeführt, sondern stumpf herangeführt war. Außerdem war für eine nachträglich angebaute Dachlatte die Unterspannbahn an einer Stelle aufgeschnitten worden. *(Abb. 3/28 u. 3/29)*

Anschluss der Dachdeckung

Die seitlichen Anschlüsse von Dachdurchdringungen, wie Schornsteinen (Kaminen) werden oftmals mit Bleischürzen erstellt. Diese altern mit der Zeit, werden löchrig und rissig,

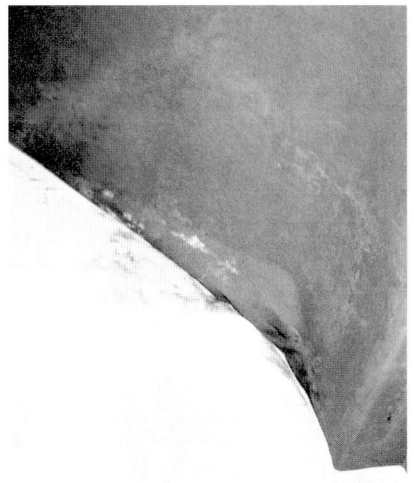

Abb. 3/27:
Feuchteschaden im
Treppenhaus
(Farbabbildung s. S. 176)

so dass hier Wasser eindringen kann. Daher sind die Maßnahmen zur Verkleidung und Neuerbringung der seitlichen
Anschlüsse an die Dachdeckung in der Regel korrekt zur Beseitigung von Undichtigkeiten und damit verbundenen Feuchteschäden.

Allerdings war im vorliegenden Fall versäumt worden, den Anschluss der Unterspannbahn zum Schornstein korrekt hochzuführen, so dass unter die Dachdeckung getriebenes Niederschlagswasser auf der Unterspannbahn ablaufen und nicht in die
darunterliegenden Decken und Wandbereiche eindringen kann.

Anschluss der Unterspannbahn

Abb. 3/28:
Unterspannbahn am
gemauerten Schornstein
nicht hochgeführt
(Farbabbildung s. S. 177)

Abb. 3/29:
Unterspannbahn nur
gegen das aufgehende
Mauerwerk verknittert
herangeführt
(Farbabbildung s. S. 177)

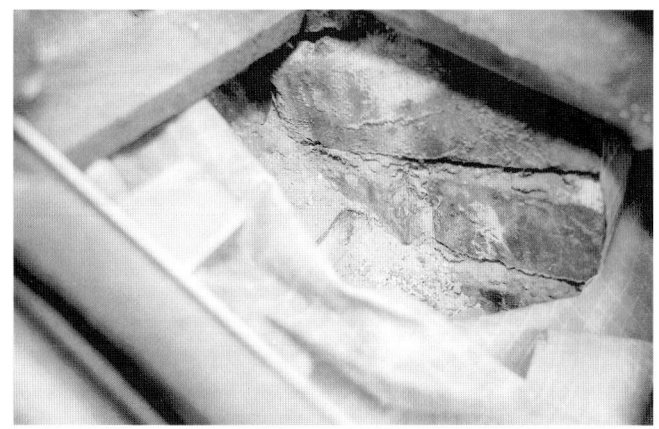

Der Dachbereich um den Schornstein ist ordnungsgemäß eingedeckt und auch ordnungsgemäß verblendet, nicht aber ordnungsgemäß abgedichtet in der Form, dass die Unterspannbahn eben nicht korrekt am Mauerwerk des Schornsteines hochgeführt wurde. Bei starkem Wind kann Regen unter die Dachdeckung getrieben werden. Dieses eingetriebene Niederschlagswasser läuft auf der Unterspannbahn ab und wird in die Dachrinne entwässert. Im vorliegenden Fall kann es jedoch seitlich in das Mauerwerk des Schornsteines gelangen. Zudem wies die Unterspannbahn Lücken in Form von Einschnitten auf, an denen ebenfalls Niederschlagswasser nach unten eindringen kann.

Anschlüsse an Traufe und First

Am First können Lücken in der Dampfsperre entstehen, wenn die Folie nicht korrekt verklebt wird. In diesen Bereichen kann feucht-warme Luft aus dem Inneren des Gebäudes in weiter außen liegende und darum kühlere Bauteile gelangen. Dort entsteht Kondensat.

Von außen kann Niederschlagswasser eindringen, wenn Wasser unter die Firstabdeckung getrieben wird und hier die Unterspannbahn nicht konsequent über den First geführt ist.
An der Traufe können Feuchteschäden entstehen, wenn die Unterspannbahn zur Ableitung von unter die Dachdeckung getriebenem Niederschlagswasser nicht korrekt bis in die Regenrinne geführt ist.

Auch Undichtigkeiten im Anschluss der Dampfsperre im Bereich der Traufe können zu Feuchteschäden führen, wenn hier feucht-warme Luft aus dem Gebäude nach außen und dort an kühlere Bauteilschichten gelangt. Hier kann sich Kondensat bilden und die Bauteilschichten entsprechend durchfeuchten.

In einem Mietshaus waren Feuchteschäden mit Schimmelbildung aufgetreten. Daraufhin wurde von den Bewohnern die Miete gekürzt.

Beispiel:
Mangelhafte Verlegung
der Unterspannbahn

Örtlich wurde festgestellt, dass in der Küche im Erdgeschoss sowie in dem darüberliegenden Schlafzimmer im Obergeschoss jeweils ein punktueller Feuchteschaden mit Schimmelbildung an der Deckenuntersicht sowie im darunter befindlichen Wandbereich vorhanden war.

Die Feuchtestellen lagen jeweils etwa mittig an der Außenwand am oberen Anschluss zur Decke. An der Außenwand gab es keinerlei erkennbare Fehlstellen. Auch gab es hier keine auskragenden Bauteile, die etwa als Kühlrippe hätten wirken können. *(Abb. 3/30 u. 3/31)*

Da die Feuchteflecken mit Schimmelbildung an für Kondensat untypischen Stellen vorhanden waren, wurde der Bereich ausgemessen. Dabei wurde festgestellt, dass die Feuchteschäden im Erdgeschoss exakt unterhalb der Stelle mit Feuchteschäden im Obergeschoss lagen. Dieser Bereich wurde gezielt am Dach aufgesucht.

Bei dem Dach handelt es sich um ein Satteldach. Die Feuchtestellen liegen unterhalb der Traufe. Die Entwässerung erfolgt über eine Kastenrinne.

Abb. 3/30:
Feuchteschaden etwa mittig
an der Außenwand
(Farbabbildung s. S. 177)

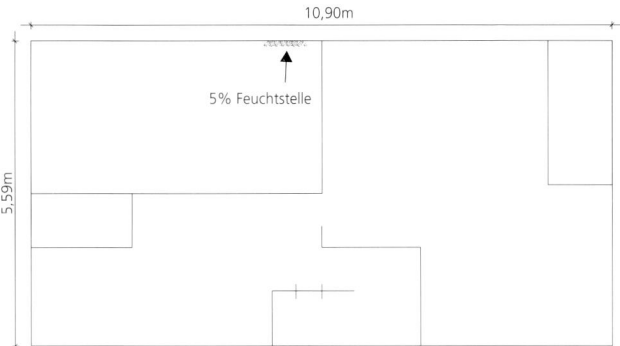

10,90m

5% Feuchtstelle

5,59m

Prüföffnung In dem Bereich, wo innenseitig die Feuchteschäden aufgetreten waren, wurden die Dachpfannen hochgenommen und die Unterspannbahn entfernt. Hier war zu erkennen, dass die Lattung unterhalb der Unterspannbahn sichtbar durchnässt war. Dies ist ein Beleg dafür, dass Wasser unter die Unterspannbahn gelangt war. Das Wasser konnte allerdings nicht unmittelbar an der Traufe eingedrungen sein, denn in diesem Bereich war die Unterspannbahn korrekt verlegt und an den Nähten fachgerecht überlappt und geschlossen sowie in die Kastenrinne geführt. (*Abb. 3/32*)

In der Regenrinne waren größere Mengen an Schmutz abgelagert. Der Anschluss zum Fallrohr war fast vollständig verstopft. Insofern kann sich Wasser in der Rinne anstauen und so unter

Abb. 3/32:
Lattung unterhalb
der Unterspannbahn
stark durchnässt
(Farbabbildung s. S. 178)

die Unterspannbahn dringen. Damit würde der Bereich unmittelbar unter der Traufe durchnässen. Die Kantenhöhen der Rinne wurde daher ausgemessen. Hierbei wurde festgestellt, dass die äußere Kante tiefer liegt als die hausseitige. Bei einem Anstau von Wasser läuft die Rinne nach außen über bevor Wasser nach innen unter die Unterspannbahn dringen kann.

Weiter höher in der Dachfläche befand sich der Schornstein exakt oberhalb des Bereiches mit den innenseitigen Feuchte- und Schimmelschäden. Der Bereich am Schornstein wurde geöffnet. Dabei wurde sichtbar, dass die Unterspannbahn nicht korrekt am Schornstein angeschlossen war. Die Unterspannbahn war am oberen Anschluss des Schornsteines nicht hochgeschlagen, sondern endete stumpf ein Stück vor dem Schornstein. In diesem Bereich kann Wasser eindringen und unter der Unterspannbahn ablaufen.

Das unter der Unterspannbahn ablaufende Wasser trifft an der Traufe auf das Mauerwerk der Außenwand, dringt hier ein und durchfeuchtet den unmittelbar darunterliegenden Bereich.

3.3 Kältebrücken

Ungedämmt auskragende Balkonplatten wirken wie Kühlrippen. Die Oberfläche, die nach außen Wärme abgeben kann, ist erheblich größer als die Fläche, die von innen erwärmt wird. Daher kühlt das Bauteil aus. Mit der Auskühlung ist auch eine Abkühlung der unmittelbar angrenzenden Bauteilschichten verbunden.

„Kühlrippen"

Damit sinkt die Oberflächentemperatur der angrenzenden Bauteilschichten unter ungünstigen Umständen bis unter die Tautemperatur der Raumluft, so dass Kondensat auf diesen Schichten entsteht. Mit der Kondensatbildung ist eine Durchfeuchtung des Bauteils verbunden.

Gleichartig wie auskragende Balkonplatte bilden auch auskragende Gesimse und Stürze sowie vorstehende Lisenen Kältebrücken.

In einem alten Mietshaus wurden gartenseitig neue Isolierglasfenster eingesetzt. Etwa $^1/_2$ Jahr später wurden von den Mietern Anfänge einer Schimmelpilzbildung im Wohn- und Schlafzimmer gerügt. Nach ca. einem Monat teilten die Mieter mit, dass der Schimmel sich an der Außenwand des Wohnzimmers weiter verbreitet habe.

Die Mieter äußerten den Verdacht, dass Undichtigkeiten am Dachrand Ursache für die Durchfeuchtungen und Schimmelbildungen seien. Die Vermieter führten die Feuchtigkeits- und Schimmelschäden ausschließlich auf das falsche Wohn- und Lüftungsverhalten der Mieter zurück.

Örtliche Feststellungen Bei einer örtlichen Besichtigung wurde festgestellt, dass im gartenseitig gelegenen Wohnzimmer schwarze Schimmelflecken am Sturz oberhalb des Fenster/Tür-Elementes zur Dachterrasse vorhanden waren. Die Schimmelbildungen erstreckten sich auch auf den daran anschließenden Bereich der Deckenuntersicht. *(Abb. 3/33)*

Im Schlafzimmer, das zur Straße hin gelegen ist, gab es Schimmelbildung im Bereich des Sturzes über dem Fenster sowie im daran anschließenden Deckenbereich. Der Schimmelschaden erstreckte sich auf der, von innen gesehen, rechten Wandfläche im oberen Bereich zur Decke hin bis in die Außenecke. *(Abb. 3/34)*

Abb. 3/33:
Schimmelbildung am
Sturz über dem
Wohnzimmerfenster
(Farbabbildung s. S. 178)

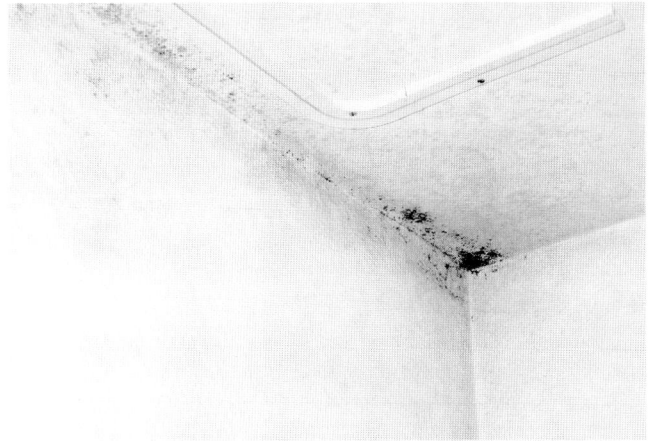

Die Oberflächenfeuchte wurde in den von Schimmel betrof- *Oberflächenfeuchte*
fenen Bereichen sowie an einer nicht von Schimmel befallenen
Innenwand (Trennwand zwischen Wohnraum und Schlafraum)
gemessen. Hierbei wurde einheitlich ein Wert von 3 Skalenteilen festgestellt. Zum Zeitpunkt des Ortstermines waren die
Bereich also baupraktisch trocken.

Sowohl auf der Straßenseite als auch auf der Gartenseite wies
die Traufe des Satteldaches einen deutlichen Überstand auf. An
dem Überstand waren keinerlei Ablaufmarken oder Abtropf-
schäden erkennbar. Die Regenrinne war sowohl straßen- als
auch gartenseitig vorgehängt. Auch hieran gab es keine erkennbaren Schäden. Die Dachdeckung wies keine erkennbaren
Unregelmäßigkeiten auf.

Die Wandstärke im Bereich des Sturzes über dem Fenster/Tür-
Element wurde zu insgesamt 27,5 cm ausgemessen. Durch Prüföffnung im Sturzbereich von außen wurde festgestellt, dass der
Wandaufbau aus einem Betonkern besteht, innenseitig mit
einem mineralischen Putz von ca. 1 cm Stärke mit Tapete,
außenseitig mit einer Holzwolledämmplatte von 1 cm Stärke
und mineralischem Außenputz von 2,5 cm Stärke versehen.

Die örtlich entnommenen Proben der Tapete aus den von
Schimmel befallenen Bereichen wurden mikroskopisch untersucht. Hierzu wurde ein Stereomikroskop verwendet mit
Auflicht bei 30- und 80-facher Vergrößerung. Hierbei wurde
festgestellt, dass auf der Oberfläche der Tapete schwarze,

pünktchenförmige Fruchtkörper eines Schimmelpilzes aufgewachsen waren. Daneben gab es ein feines Mycel (Wurzelwerk) des Pilzes, das in Teilbereichen die Tapete durchwachsen hatte.

Schimmelflecken raumseitig von Außenbauteilen sind ein Anzeichen dafür, dass längerfristig eine unzulässige Durchfeuchtung von außen und/oder von innen stattgefunden hat. Auf feuchtem Untergrund bilden sich auf organischen Bestandteilen, wie Tapete oder Kunststoffanstrich Schimmelpilze.

Eine derartige Durchfeuchtung kann durch Schlagregen von außen, aufsteigende Feuchte von unten, Undichtigkeiten vom Dach her, Undichtigkeiten von Rohrleitungen oder Kondensatbildung von innen erfolgen.

Ein Eindringen von Regen von außen ist im vorliegenden Fall ausgeschlossen, denn die betroffenen Bauteile liegen geschützt vor Schlagregen durch den jeweiligen Dachüberstand.

Eine Durchfeuchtung durch aufsteigendes Wasser von unten kann ebenfalls ausgeschlossen werden, denn die Wohnung liegt im Dachgeschoss.

Eine Durchfeuchtung durch Undichtigkeiten vom Dach her muss im vorliegenden Fall ebenfalls ausgeschlossen werden, denn an der Dachdeckung sowie an der Regenrinne gab es keinerlei Anzeichen für eine etwaige Unregelmäßigkeit.

Eine Durchfeuchtung infolge undichter Rohrleitungen muss im vorliegenden Fall ebenfalls ausgeschlossen werden, weil in den betroffenen Bereichen üblicherweise keine Rohrleitungen verlegt sind.

Kondensatschutz Daher wurde der Kondensatschutz im Sturzbereich überprüft. Dieser Schutz ist solange gewährt, wie die Temperatur auf den raumseitigen Flächen der Außenbauteile, die von der Raumluft erreicht werden, nicht bis auf die Tautemperatur der Raumluft auskühlt.

Für die Festlegung der Feuchtebeanspruchung wird eine Raumtemperatur von 20 °C angesetzt sowie eine relative Luftfeuchte von 60%. Die planmäßige Beanspruchbarkeit der Außenwände ergibt sich aus der Oberflächentemperatur, die sich auf der

<table>
<tr><td>Kurzbez.
A</td><td colspan="5">Bauteil
Außenwand
Sturz</td></tr>
</table>

Schichten Folge von innen nach außen	Schicht-dicke [m]	Wärme-leitzahl [W/mK]	WdgW d/l WügW 1/a [m² K/W]	Temperatur [°C]
Übergang innen	–	–	0,17	$t_i = 20{,}0$
1. Tapete / Anstrich	–	–	–	8,1
2. Innenputz	0,010	0,70	0,01	8,1
3. Beton	0,230	2,1	0,11	7,4
4. Howo-Platte	0,010	0,15	0,07	–0,2
5. Außenputz	0,025	0,87	0,03	–5,1
Übergang außen	–	–	0,04	–7,2
Summe			0,43	$t_a = -10{,}0$

Wärmedurchgangszahl (k.Zahl):	2,33 W/m²K
Wärmedämmwert vorhanden ohne Übergänge	0,22 m²K/W
Flächengewicht innenseitig Dämmung	– kg/m²
Wärmedämmwert erforderlich	
(bei g < 300 kg: 0,55+1,20e$^{-g/61}$)	0,47 m²K/W

rel. Raumluftfeuchte	60,0%
Tautemperatur der Raumluft	12,0 °C
Sattdampfdruck der Raumluft 23,40 hPa auf Tapete	10,81 hPa
Kondensat ab rel. Luftfeuchte innen von	46,2%

Abb. 3/35:
Wärmedurchgang
am Sturz

Wandinnenseite einstellt. Hierzu wird der Wärmedurchgang durch das Außenbauteil berechnet bei Temperaturen von –10 °C außen und +20 °C Raumtemperatur, wie sie nach DIN 4108 üblicherweise zugrundegelegt werden.

Aus der Wärmedurchgangsberechnung geht hervor, dass die Dämmung im Sturzbereich die Anforderungen der DIN 4108 von 0,47 m²K/W für kleinteilige Bauteile bereits knapp unterschreitet. *(Abb. 3/35)*

Tauwasserbildung

Bei einer Außentemperatur von –10 °C stellt sich auf der Innenseite des Sturzes eine Oberflächentemperatur von 8,1 °C ein. Damit wird die Tautemperatur von 12,0 °C für 20 °C Raumtemperatur und 60% relative Raumluftfeuchte bereits deutlich unterschritten, so dass sich auf dem Sturz Kondensat bildet.

Bereits bei einer relativen Luftfeuchte von 46% ist mit einer Kondensatbildung auf dem Sturz zu rechnen.

Durch diese Kondensatbildung werden Tapete sowie Innenputz durchfeuchtet. Die organischen Bestandteile der Tapete bilden für Schimmelpilze einen idealen Nährboden bei gleichzeitiger

Feuchte, so dass hier ein Pilzbefall infolge Kondensatbildung auftreten kann.

Bei Einfachverglasungen, wie sie bei Altbauten ehemals vorhanden waren, ist die Fensterscheibe in der Regel der kühlste Punkt, so dass sich Kondensat auf den Scheiben bildet und die Raumluft so entfeuchet wird. Bei den seinerzeit neu eingebauten Isolierverglasungen wird der Wärmedämmwert der Fenster erhöht, so dass nun nicht mehr die Glasscheibe der kühlste Punkt ist, sondern ungünstig der Sturz über den Fenstern. Insofern bildet sich Kondensat auf den Stürzen mit Schimmelbildung als Folge.

Ob mieterseits ein korrektes Heiz- und Lüftungsverhalten vorgelegen hatte, lässt sich nur schwer überprüfen. Die vorhandenen Feuchtigkeits- bzw. Schimmelschäden wären aber in gleicher Weise aufgetreten bei ordnungsgemäßem Lüften sowie korrektem Heizverhalten. Die Dämmung der Außenwand in diesem Bereich ist unzureichend und entspricht nicht einmal dem damaligen Stand der Technik, wie er in der seinerzeit gültigen DIN 4108 vorgegeben ist.

Bei günstigen Wachstumsbedingungen, wie sie bei einem organischen Nährboden (Tapete) und Feuchte bestehen, kann sich eine Schimmelbildung in wenigen Wochen ausbreiten. Daher ist es durchaus nachvollziehbar, dass sich die Schimmelbildung im Schlafzimmer in einem relativ kurzen Zeitraum verstärkt haben kann.

Ausbreitung von Schimmel Wenn in einer Wohnung erst einmal Schimmelpilze vorhanden sind, wie im vorliegenden Fall z.B. im Wohnzimmer am Fenstersturz, so können sich die Sporen über die gesamte Wohnung verbreiten. Dort, wo der Pilz gute Nährbedingungen vorfinden, breitet er sich dann aus. Insofern kann der Schimmelschaden im Wohnzimmer den Schimmelbefall im straßenseitig gelegenen Schlafzimmer induziert haben.

Zur Beseitigung der Feuchte- bzw. Schimmelschäden muss zunächst deren Ursache behoben werden. Hierzu muss die Wärmedämmung der Außenwand zumindest im Sturzbereich soweit erhöht werden, dass raumseitig die Tautemperatur von der Oberflächentemperatur nicht mehr unterschritten wird.

Hierzu kann auf den Außenwänden ein Wärmedämmputz aufgebracht werden. Sinnvoll ist es, die gesamte Außenwand in
diese Maßnahme einzubeziehen.

Alternativ kann innenseitig auf den Außenwänden eine Innendämmung mit Dampfsperre angebracht werden. Hierdurch
würde sich der Wohnraum aber entsprechend verkleinern.
Zudem müßten hierbei die Problempunkte Anschluss der
Außenwand zum Boden sowie zur Decke konstruktiv und bau-
physikalisch überdacht werden.
Nach ausreichender Wärmedämmung der Außenbauteile
können die Feuchte- und Schimmelschäden in der Wohnung
beseitigt werden, indem die von Schimmel befallenen Bereiche
der Tapete sowie loser Innenputz entfernt werden. Anschließend müssen diese Bereiche gespachtelt, neu tapeziert und mit
einem fungizid ausgerüsteten Anstrich versehen werden.

Oftmals werden diese Feuchteschäden mißdeutet als Folge von
Leckagen der Abdichtung der Balkonfläche. Diese Schäden
führen ebenfalls zu Feuchteschäden an der Deckenuntersicht,
die vom Erscheinungsbild her gleichartig wie Kondensatschäden sind.

In einem Mehrfamilienhaus kündigten die Mieter ihre Woh- **Beispiel:**
nung im 1. Obergeschoss, weil dort Schimmel und Feuchte- **Ablaufendes Wasser**
schäden aufgetreten waren. Etwa ein halbes Jahr später rügte **durch Undichtigkeiten**
der Mieter der Erdgeschosswohnung, die sich unmittelbar
unter der vorgenannten Wohnung befindet, einen Feuchteschaden. Nach Untersuchung der Feuchteschäden wurde festgestellt, dass die Ursache hierfür in der Abdichtung des über
der Wohnung im 1. Obergeschoss befindlichen Balkones liegen
müsse. Daraufhin wurde dieser Bereich abgedichtet, indem
hier ein mangelhaft eingedichteter Balkonabfluß saniert
wurde.

Bei einer örtlichen Besichtigung wurde festgestellt, dass im
Wohnzimmer der Wohnung im 1.Obergeschoss an der Wand-
scheibe zwischen Balkontür und Balkonfenster die Tapete entfernt war. An einzelnen, zum Zeitpunkt des Ortstermines
bereits abgetrockneten Feuchtemarken war erkennbar, dass
der Wandpfeiler ehemals durchnässt war. *(Abb. 3/36)*

Am oberen Anschluss des Sturzes zur Decke bzw. dem dort einbindenden Unterzug gab es ebenfalls eine abgetrocknete Feuch-
temarke.

Im Wohnzimmer der unmittelbar darunterliegenden Erdge-
schosswohnung gab es an der gleichen Stelle ebenfalls Feuch-
temarken auf der dort angebrachten Gewebetapete, die zum
Zeitpunkt des Ortstermines weitgehend abgetrocknet waren.
Ferner gab es in diesem Bereich einzelne Schimmelbildungen.
(Abb. 3/37)

Die Bereiche seien laut Angabe nach der Balkonsanierung im
2. Obergeschoss trocken.

Die Abdeckung der Balkonbrüstung im 2. Obergeschoss war
mit Blechen versehen. Diese waren mit Schrauben befestigt,
wobei die Schrauben so angezogen waren, dass sich eine leichte

Delle gebildet hatte. In diesem Bereich steht bei Regen laut Angabe Wasser an, so dass dieses Wasser langsam über das Schraubenloch in die Brüstung eindringen kann. Die Schraubenlöcher waren mit Klebeband provisorisch abgedichtet. Die Stahlpfosten gingen durch die Abdeckung hindurch. Bei der Balkonsanierung wurden die Anschlüsse der Durchführungen mit Silikondichtung versehen. Zuvor waren diese Anschlüsse laut Angabe offengewesen, so dass auch hier Wasser hatte eindringen können.

Örtlich war eine Probe aus dem Wandpfeiler im Wohnzimmer der Wohnung im 1. Obergeschoss entnommen worden. Zur Beurteilung einer etwaigen Durchfeuchtung wurde der Feuchtegehalt in dieser Probe gravimetrisch bestimmt. Hierzu war die Probe sogleich nach der Entnahme dampfdicht in einen Beutel aus Polyethylen verpackt worden. Die Probe wurde eingewogen, anschließend bis auf konstantes Gewicht im Wärmeschrank getrocknet und nach dem Auskühlen im Exsikkator wieder ausgewogen. Aus der Gewichtsdifferenz zwischen Einwaage und Auswaage ergibt sich der ehemalige Gehalt an Wasser, der auf das Trockengewicht bezogen und in Gewichtsprozent angegeben wird.

Feuchtegehalt einer Probe

Die Bilanzfeuchte des Probemateriales wurde bestimmt, indem je eine Teilprobe getrocknet, eine andere angefeuchtet wurde. Die beiden Teilproben werden sodann im Klimaraum mit konstant 20 °C und 60% rel. Luftfeuchte gelagert. Es wird derjenige Feuchtegehalt bestimmt, der von beiden Teilproben als Grenzfeuchte angestrebt wird. Dies ist die Bilanzfeuchte zur Umgebung 20/60.

Die Maximalfeuchte wurde bestimmt durch Fluten der Probe im Wasser bis zur Sättigung.

Der gemessene Wassergehalt (Ist-Feuchte) der Probe wird daran gemessen, um wieviel die Bilanzfeuchte überschritten, und zu welchem Anteil die Maximalfeuchte erreicht wird.

Probematerial	Ist-Feuchte	Bilanzfeuchte	Maximalfeuchte
Wandbaustoff	11,97 Gew%	1,4 Gew%	15,8 Gew%

Das Material des Wandpfeilers war im tieferen Querschnitt also (noch) merklich durchfeuchtet. Hier wurde die Bilanzfeuchte um das ca. 8,5-fache überschritten. Gleichwohl hatte bereits eine Trocknung eingesetzt, denn die Maximalfeuchte wurde nur zu ca. 76% erreicht.

Damit ist nachvollziehbar, dass die Feuchteschäden von dem Balkon im 2. Obergeschoss ausgingen. Die Feuchtigkeit musste also im 2. Obergeschoss eingedrungen sein, sodann den Wandbereich im 1. Obergeschoss komplett durchnässt haben, bis sie schließlich das Erdgeschoss erreichte. Hierfür ist ein längerer Zeitraum von etwa 3 bis 5 Monaten anzusetzen, wobei es sich nur um eine grobe Schätzung handeln kann.

Trocknung Eine Trocknung von durchnässtem Mauerwerk erfolgt langsam über Diffusion. Hierbei ist ein Zeitraum von mindestens einem Jahr durchaus anzusetzen. Allerdings wird bei üblicher Nutzung der Wohnung die Feuchtigkeit nicht bis zur Oberfläche der Wand auf der Innenseite heranreichen, sondern die Verdunstung wird stets stärker sein, als der Feuchtetransport über das Kapillarsystem des Mauerwerkes, weil der Feuchtenachschub zwischenzeitlich durch die Balkonsanierung im 2.Obergeschoss unterbunden ist.

Belastung der Raumluft Feuchtigkeitsschäden ziehen bei ausreichendem Nahrungsan-
durch Schimmel gebot, z.B. in Form einer Tapete Schimmelpilzbefall nach sich. Durch das Hygieneinstitut des Ruhrgebietes Gelsenkirchen wurde die Konzentrationen an Schimmelpilzsporen in der Raumluft in der Wohnung im 1. Obergeschoss messtechnisch erfasst. Danach ist eine leicht erhöhte Belastung durch aspergillus ochraceus mit 84 KBE/m^3 (koloniebildende Einheiten) im Wohnzimmer vorhanden. Gleichwohl liegt dieser Wert noch unterhalb des Erfahrungsrichtwertes von 100 KBE/m^3, ab dem eine eindeutige Schimmelpilzbelastung der Raumluft vorliegt. Weitere Pilzarten in gesundheitsgefährdender Konzentration waren laut Prüfbericht des Hygieneinstitutes des Ruhrgebietes Gelsenkirchen nicht vorhanden.

Zur Beseitigung von Schimmelpilzsporen, die noch an den Wandflächen anhaften können, können diese Bereiche mit Essig- oder Sodalösung behandelt werden. Auch die Möbelstücke sowie Teppichböden und Heimtextilien sollten gereinigt werden. Hierbei fällt kein über den üblichen Putzaufwand hinausgehender Reinigungsaufwand an.

In einer Mietwohnung eines Mehrfamilienwohnhauses waren
Feuchtigkeitsschäden und Schimmelpilzbildungen aufgetreten, die der Vermieter beseitigen ließ. Gleichwohl traten
erneut Feuchteschäden mit Schimmelpilz als Folge auf.

Örtlich wurde die Oberflächenfeuchte in unterschiedlichen
Bereichen mit einem elektrischen Tastinstrument gemessen,
das die Feuchtigkeit in der oberflächennahe Zone über die elektrische Leitfähigkeit ermittelt. Das Gerät war zuvor an einer mit
Sicherheit trockenen Innenwand auf 1 Skalenteil kalibriert
worden. Die Oberflächenfeuchte der Wand im Schlafzimmer
lag zwischen 11 und 12 Skalenteilen. Im Wohnzimmer wurden
11 Skalenteile an der Fortsetzung der Balkontrennwand zum
Schlafzimmer gemessen.

Die Raumtemperatur wurde zu 19,5 °C, die Raumluftfeuchte
zu 32% gemessen. Die Außentemperatur betrug zum Zeitpunkt
des Ortstermines 18,5 °C, die Außenluftfeuchte 31%.

Raumklima

Zur Behebung von Feuchtigkeitsschäden sei der Balkon laut
Auskunft durch eine Fachfirma saniert worden, indem die
Altabdichtung bis zum Rohbeton der Balkonplatte entfernt, auf
dem Untergrund eine Grundierung sowie eine doppelte Lage
Bitumenschweißbahn und darauf der Bodenbelag aufgebracht
wurde. Auf dem Dachbalkon der Wohnung war zu erkennen,
dass die Abdichtung fachgerecht an den Wänden hochgeführt
und mit einer Profilschiene verwahrt war. Auf dem Balkon war
ein Plattenbelag in einer Feinkiesschüttung (Korngröße ca.
1 cm) aufgelegt. An der Außenwandecke des Dachbalkons
waren Kabel lose geführt. Die Kabeldurchführung durch die
Außenwand im Bereich des Wohnzimmers war in keiner Weise
abgedichtet. Die Grundfläche des Balkons wurde zu 6,22 m^2
festgestellt. Es gab einen Einlauf mit einem Durchmesser von
4,5 cm. Ein Überlauf war nicht vorhanden.

Die Wandflächen in der betroffenen Wohnung waren laut
Angabe malermäßig überarbeitet worden. An den Wänden
waren keine Ausblühungen und Abplatzungen oder sonstige
Feuchteschäden mehr sichtbar. Lediglich gab es einzelne leichte
Unebenheiten in der Spachtelung.

Zum Zeitpunkt des Ortstermines wurden in der Mietwohnung
also keine akut sichtbaren Feuchtigkeitsschäden angetroffen.

Die Wandflächen waren zum Zeitpunkt des Ortstermines aber noch feucht. Die Raumluftfeuchte lag jedoch zum Zeitpunkt des Ortstermines lediglich 1% höher als die Außenluftfeuchte, eine übermäßige Wasserdampfabgabe aus der Außenwand in den Raum erfolgt also nicht.

Restfeuchte Die beim Ortstermin angetroffene Durchfeuchtung der Außenwand des Schlafzimmers zum Dachbalkon kann auf noch in der Außenwand vorhandene Restfeuchte zurückgeführt werden. Die Feuchtigkeit war offensichtlich ehemals über undichte Balkonanschlüsse eingedrungen.

Kondensat als Ursache für die Feuchtigkeit scheidet im vorliegenden Fall aus, denn bei einer etwa unzureichenden Wärmedämmung in Teilbereichen der Außenwand hätte die Außenwandecke besonders betroffen sein müssen. Eben dies war nicht der Fall, sondern die Oberflächenfeuchte war annähernd gleichmäßig verteilt, insbesondere auch in Fortsetzung der Außenwand des Schlafzimmers zum Wohnzimmer hin.

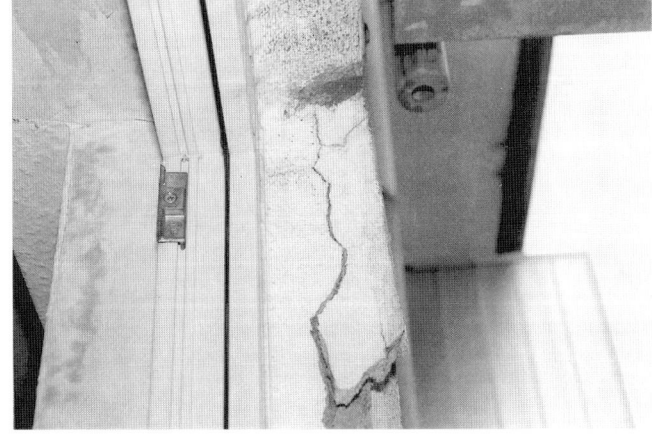

Abb. 3/38:
Laibungen der Balkontür
außenseitig mit Putz und
Anstrich versehen, Putz und
Anstrich aufgerissen,
innenseitig Feuchtemarken
sichtbar
(Farbabbildung s. S. 179)

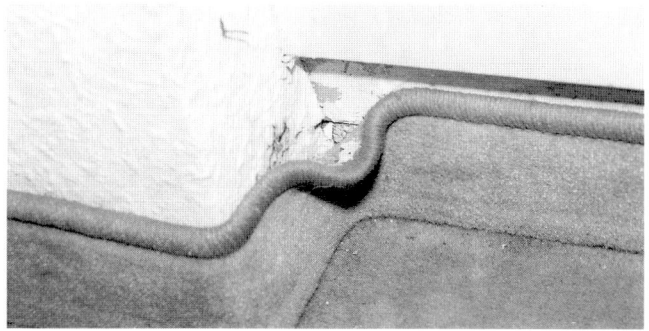

Abb. 3/39:
Feuchteschäden mit
Schimmelbildung
im unteren Bereich der
Balkontürlaibung
(Farbabbildung s. S. 180)

Feuchteschäden können auch durch von außen eindringendes Wasser hervorgerufen werden, wenn der Putz im Bereich der Türlaibung nicht ausreichend gegen Niederschlagswasser schützen kann. Auch diese Schäden ähneln Kondensatschäden.

Nach dem Erwerb einer Eigentumswohnung im 3. Obergeschoss eines Mehrfamilienhauses stellten die Käufer fest, dass an der Balkontür Feuchteschäden vorhanden sind.

Beispiel: von außen eindringendes Wasser

Bei einem Ortstermin wurde die betroffene Balkontür besichtigt. Die Laibungen auf der Außenseite waren mit einem Putz versehen. Darauf war ein weißer Anstrich aufgebracht. In Teilbereichen gab es, ausgehend von der darüberliegenden Balkonfläche, starke Ablaufmarken am Sturz des Balkontürelementes. Der Putz der Laibungen war stark aufgerissen, einzelne Putzstücke waren bereits zum Zeitpunkt des Ortstermines abgefallen. (*Abb. 3/38 – 3/40*)

Abb. 3/40:
starke Ablaufmarken
am Sturz über der
Balkontür, ausgehend
vom darüberliegenden
Balkon
(Farbabbildung s. S. 180)

In einem Teibereich von etwa Handtellergröße war der Putz sichtlich ausgebessert. Hier war ein mineralischer Mörtel, offensichtlich auf Zementbasis, aufgespachtelt. Dieser Bereich war jedoch nicht gestrichen.

Ein Teil des Putzes wurde als Probe entnommen für die Prüfungen im Labor.

An der Innenseite der Balkontür gab es sowohl an den seitlichen Laibungen als auch an der Sturzuntersicht deutliche Feuchtemarken in Form von bräunlichen Verfärbungen. In diesem Bereich war die Tapete entfernt worden.
Auch im Sockelbereich der Balkontür gab es Feuchteschäden. Hinter der Teppichleiste waren im unteren Bereich leichte Schimmelschäden erkennbar.
Die Oberflächenfeuchtigkeit wurde mit einem elektrischen Tastinstrument gemessen zu 7 Skalenteilen, wobei etwa 2 Skalenteile einem trockenen Innenputz entsprechen.

Die Balkontür ließ sich nicht korrekt schließen. Die Verriegelung der Tür war verzogen, so dass sie nur mit Gewalt geschlossen werden konnte, dann jedoch im Rahmen nicht dicht saß.

Feuchtegehalt einer Probe Örtlich war eine Probe des Putzes von der Außenlaibung der Balkontür entnommen worden. Für die Beurteilung der Durchfeuchtung wurde der Feuchtegehalt in dieser Probe gravimetrisch bestimmt. Hierzu war die örtlich entnommene Probe sogleich dampfdicht in einen Beutel aus Polyethylen verpackt worden. Im Labor wurde sie eingewogen, anschließend bis zur Gewichtskonstanz im Trockenschrank getrocknet und nach dem Abkühlen im Exsikkator wieder ausgewogen. Aus der Gewichtsdifferenz zwischen Einwaage und Auswaage ergibt sich der ehemalige Gehalt an Wasser, der auf das Trockengewicht bezogen und in Gewichtsprozent angegeben wird.

Zur Bestimmung der Bilanzfeuchte des Probemateriales wurde eine Teilprobe getrocknet, eine andere angefeuchtet. Die beiden Teilproben werden sodann im Klimaraum bei konstant 20 °C und 60% rel. Luftfeuchte gelagert. Es wird derjenige Feuchtegehalt bestimmt, der von beiden Teilproben als Grenzfeuchte angestrebt wird. Dies ist die Bilanzfeuchte zu Umgebung 20/60.

Der maximale Wassergehalt der jeweiligen Probe wurde durch Fluten in Wasser bis zur Sättigung bestimmt.

Der gemessene Wassergehalt (Ist-Feuchte) der Probe wird daran gemessen, um wieviel die Bilanzfeuchte überschritten und zu welchem Anteil die Maximalfeuchte erreicht wird.

Probematerial	Ist-Feuchte	Bilanzfeuchte	Maximalfeuchte
Putz von Laibung	5,37 Gew%	2,0 Gew%	10,8 Gew%

Der Außenputz an der Laibung der Balkontür war also deutlich durchfeuchtet war. Die Bilanzfeuchte wurde um das 2,7-fache überschritten. Die Maximalfeuchte wurde zu ca. 50% erreicht.

Die Prüfung der kapillaren Wasseraufnahme des örtlichen ent- *kapillare Wasseraufnahme*
nommenen Putzes von der Außenlaibung der Balkontür wurde nach DIN 52617 „Bestimmung der kapillaren Wasseraufnahme von Baustoffen und Beschichtungen" durchgeführt. Hierzu wurde die Probe bis auf Bilanzfeuchte bei 20 °C und 60% relativer Luftfeuchte trocken gelagert und anschließend so mit Ceresit wasserdicht versiegelt, dass jeweils die Unterseite und Oberfläche als Saugflächen freiblieben. Mit dieser Saugfläche wurde die Probe in destilliertes Wasser eingestellt, das von der Probe kapillar aufgesaugt wird. Die Aufnahme des Wassers wird gravimetrisch im Zeitverlauf bestimmt bis maximal zum Durchschlagen des aufgesaugten Wassers an der freien Oberfläche der Probe.

Die kapillare Wasseraufnahme erfolgt nach einer Anlaufphase und vor Sättigung des Porenraumes proportional zur Saugfläche und zeitlich nach dem Wurzelgesetz, weshalb die Wasseraufnahme in kg/m^2 berechnet und über die Zeit im Wurzelmaßstab aufgetragen wird. Im linearen Bereich dieser Funktion wird die Steigung gemessen, die der Wasseraufnahmezahl (b) in kg/m^2 $\sqrt{h}$ entspricht.

Die Einstufung der Wasseraufnahmezahl erfolgt nach folgenden Richtwerten (für wasserabweisend entsprechend DIN 18550 Putz):

wasserabweisend	unter 0,5 kg/m^2 $\sqrt{h}$
wasserhemmend	0,5–2, 0 kg/m^2 $\sqrt{h}$
wassersaugend	über 2,0 kg/m^2 $\sqrt{h}$
Putz von Laibung	15,48 kg/m^2 $\sqrt{h}$

Der Putz an der Außenlaibung der Balkontür ist also stark wassersaugend. Erst der aufgebrachte Anstrich bewirkt eine Wassersperrung, so dass diejenigen Bereiche, die ohne Anstrich vorliegen, Wasser aufnehmen.

Der örtlich entnommene Putz von der Außenlaibung der Balkontür wurde hinsichtlich seines Gefügeaufbaues mikroskopisch untersucht. Für die mikroskopische Prüfung wurde ein Stereomikroskop verwendet mit Auflicht bei 30- bis 80-facher Vergrößerung.
Der Putz war in seinem Querschnitt dicht und bindemittelreich aufgebaut war. Die Zuschlagkörner waren sehr fein (< 2 mm Korngröße). Insofern handelt es sich um ein Putzmaterial, das zum Schwinden neigt.

Außenanstrich Auf dem Putz der Außenlaibung der Balkontür war ein weißer Anstrich aufgebracht. Im Bruchquerschnitt wurde die Schichtdicke des Antrichmaterials gemessen mittels Messlupe.

Die Schichtdicke des Anstriches wurde bestimmt zu:

Anstrich auf Putz	50–130 µm

Bei einem deckenden Anstrich beträgt die Schichtdicke in der Regel mindestens 100 µm. Dieser Wert wird im Mittel etwa eingehalten. Lediglich an solchen Stellen, wo auf Grund der Rauhigkeit durch die geringe Körnung des Putzes Unebenheiten entstehen, wird die Schichtdicke unterschritten.

In der Oberfläche des Antriches gab es sehr feine krakeléeförmige Aufrisse. An diesen Stellen kann geringfügig Wasser eindringen und so den Anstrich hinternässen.

Zur chemischen Analyse der Zusammensetzung des Putzes von der Außenlaibung der Balkontür wurde eine Probe im Raster-Elektronen-Mikroskop (REM) mit angeschlossener EDX-Analyse (energy dispersiv x-ray analysis) untersucht. Hierzu wurde jeweils eine Teilprobe leitfähig auf einen Probenteller mittels Leitkohlenstoff aufgeklebt. Die so präparierte Probe wurde in die Vakuumkammer des Raster-Elektronen-Mikroskopes gebracht. Dort wird die Oberfläche der Probe im Vakuum mit einem Elektronenstrahl rasterförmig abgetastet. Die Signale der rückgestreuten sowie in der Oberfläche der Probe ausgelösten Elektronen (Sekundärelektronen) werden gesammelt und nach Energie und Anzahl der Impulse registriert in Form von unterschiedlich hohen Peaks (EDX-Spektrum). Über die Energie der Sekundärelektronen können die in der Oberfläche der Probe enthaltenen chemischen Elemente identifiziert werden.

Im EDX-Spektrum des Putzes sind ausschließlich die Banden für Silicium (Si), Calcium (Ca) und Schwefel (S) vorhanden. Hierbei handelt es sich um die Bestandteile des Kalkzementputzes mit Quarzsand als Zuschlag. Der gering ausgeprägte Schwefelpeak stammt von sulfatischen Bestandteilen, wie er in Hochofenzementen aber auch in Portlandzementen enthalten sein kann. Es handelt sich somit um einen bindemittelreichen Kalkzementmörtel. Derartige Mörtel neigen zum Schwinden beim Abbinden und Trocknen.

Oberhalb des Sturzes der Balkontür war die Putzfläche nicht dicht geschlossen. Vom darüberliegenden Balkon kann Wasser unmittelbar einlaufen, wie an den Ablaufmarken nachvollziehbar war.

Auf dem Putz war zwar ein wasserdichter Anstrich aufgebracht. Dieser war allerdings stellenweise dünn und wies feine kraleéförmige Risse auf, so dass über diese Stellen Wasser an den Putz im Untergrund gelangen und von diesem aufgenommen werden kann. In einem nachgebesserten Teilbereich fehlte der Anstrich. Auch hier kann Wasser eindringen.

Feuchteschutz unzureichend

Insofern durchfeuchtet der Putz sowohl im Sturzbereich, also im oberen Teil der Tür, als auch seitlich an den Laibungen entlang des Rahmens. Bei Frosteinwirkung wird das Gefüge gesprengt, so dass Risse entstehen. In diese Risse kann verstärkt Wasser eindringen.

Bei dem Putz handelt es sich um ein bindemittelreiches Material auf Kalkzementbasis mit feinen Zuschlägen. Ein derartiger Putz neigt zum Schwinden, weshalb auch hierdurch Risse im Putz auftreten können.

An der Innenseite gab es sowohl im Sturzbereich als auch an den Laibung sowie am unteren Anschluss der Balkontür Feuchterscheinungen. Dies ist ein Beleg dafür, dass Wasser von außen über den Putz im Bereich um die Balkontür herum eingedrungen ist und die Außenwand durchnässt hatte.

Die Balkontür ließ sich nur mit Gewalt schließen, saß im geschlossenen Zustand also nicht dicht, so dass auch über diese Spalten bei Schlagregen Wasser eindringen kann.

3.4 Heizen und Lüften

Heizen und Lüften bestimmen die Raumtemperatur und die Raumluftfeuchte. Damit sind die Parameter für die Tautemperatur der Raumluft vorgegeben.

Bei älteren Bauwerken mit einfach verglasten Fenstern ist die kühlste Stelle in der Regel die Fensterscheibe. Hier kann sich Kondensat unschädlich bilden und ablaufen. Zumeist befinden sich an solchen Fenstern Auffangrinnen, die das ablaufende Kondenswasser nach außen ableiten.

Zudem sind solche Fenster nicht dicht in den Falzen, so dass ständig eine (unbeabsichtigte) Lüftung stattfindet. Feuchtigkeit wird damit stetig aus der Raumluft abtransportiert.

neue Isolierfenster Werden solche einfach verglasten Fenster gegen modernere Isolierglasfenster gewandelt, ohne dass weitere Maßnahmen zur Wärmedämmung der Fassadenflächen ergriffen werden, liegen die Flächen mit den niedrigsten Oberflächentemperaturen nicht mehr an den Fensterscheiben, sondern in Teilbereichen der Außenwände, z. B. an Außenecken.

Moderne Fenster sind mit Lippendichtungen versehen, es findet also keine, oder doch nur sehr geringe Lüftung in den Fensterfalzen statt. Dies ist auch so beabsichtigt, um Wärmeverluste zu vermeiden.

Wird das Nutzungsverhalten nicht der veränderten Situation angepaßt, kann sich Kondensat an den nunmehr kühlen Stellen an den Außenwänden bilden.

Allerdings ist bei einem Einbau von modernen Fenstern ein genau gegenläufiges Verhalten der Nutzer gegeben. Statt einer vermehrten Lüftung zur Verminderung des Anstiegs der relativen Raumluftfeuchte wird weniger gelüftet, damit die „Wärme nicht verloren geht". Auch die Heizung wird gedrosselt, weil die neuen Fenster ja die „Wärme besser halten".

In der Erdgeschosswohnung eines Mehrfamilienhauses wurden Feuchtigkeits- und Schimmelschäden im Abstellraum sowie an den Fensterstürzen in der Wohnung gerügt, nachdem von der Vermieterin eine Mieterhöhung begehrt wurde.

Beispiel:
Kondensat nach Einbau
von Isolierfenstern

Anläßlich eines Ortstermines wurden Schimmelflecken in der Abstellkammer sowie im Bad an der Sturzuntersicht des jeweiligen Fensters angetroffen. *(Abb. 3/41 u. 3/42)*

Abb. 3/41:
Schimmelflecken an der
Sturzuntersicht des Fensters
in der Abstellkammer
(Farbabbildung s. S. 180)

Abb. 3/42:
Schimmelflecken an
der Sturzuntersicht
des Fensters im Bad
(Farbabbildung s. S. 181)

Die Außenwände wiesen insgesamt eine Dicke von 29 cm auf. Es handelt sich um ein 24er Ziegelmauerwerk mit ca. 3 cm starkem mineralischen Außenputz und ca. 2 cm starkem Innenputz.

Der Außenputz war an zahlreichen Stellen ausgebessert worden. Der Anstrich war zum größten Teil abgeblättert.
Im Bereich des Kellerniederganges waren deutliche Feuchteschäden sichtbar, indem Putz und Anstrich merklich durchnässt waren.

Die dauerelastischen Dichtungen zwischen Fensterrahmen und Mauerwerk hatten sich zu ca. 70% von den Flanken abgesetzt, so dass in diese Aufrisse Wasser eindringen kann.

Auch im Hausflur (Treppenhaus) gab es an der Außenwand sichtliche Feuchteschäden im unteren Bereich in Form von Fleckenbildung und Schimmelbefall auf der Tapete. Auch dies ist ein Hinweis darauf, dass die Abdichtung der Außenwände nicht (mehr) funktionstüchtig ist.

Örtlich waren Kontaktklebeproben von den mit Schimmel befallenen Stellen entnommen worden. Diese Proben wurden mikroskopisch untersucht.
In den entnommenen Proben waren einzelne punktförmige schwarze Partikel sichtbar. Stellenweise ging von diesen schwarzen Partikeln ein feines Mycel (Wurzelwerk) eines Schimmelpilzes aus.
Die Proben wurden auf eine Nährlösung gegeben, damit ein etwa vorhandener Schimmelpilz sich entwickeln kann. Nach vier Tagen hatte sich auf den Probeträgern ein Pilzbewuchs flächig ausgebildet. Auch dieser wurde mikroskopisch untersucht. Hier war ein dichter Bewuchs aus feinen Fäden des Mycels erkennbar. Daneben waren feine fadenförmige Fruchtkörper mit Köpfchen vorhanden. Es handelt sich also um einen sogenannten Köpfchenschimmel, aspergillus niger.

Oberflächentemperaturen und Raumklima

Örtlich waren die Oberflächentemperaturen sowie die Raumtemperatur und relative Luftfeuchte gemessen worden.
Die Außentemperatur betrug zum Zeitpunkt des Ortstermines 2 °C. Die relative Luftfeuchte außen lag bei 74%.

Die Raumtemperatur wurde zum Zeitpunkt des Ortstermines zu 17,5 °C gemessen, die relative Luftfeuchte in der Wohnung zu 56% im Wohnzimmer, zu 54% im Schlafzimmer und ebenfalls zu 54% in der Küche.

Die Oberflächentemperatur der Wände wurde zu 15,9 °C (Schlafzimmer), 16,6 °C (Küche), 17,2 °C (Bad) und 17,5 °C (Wohnzimmer) gemessen.

Die Oberflächentemperatur auf den Innenwänden wurde zu 18,8 °C (Küche) und 19,7 °C (Wohnzimmer) bestimmt.

Damit lagen sämtliche Oberflächentemperaturen der Wände zum Teil deutlich über der Raumlufttemperatur. Dies ist ein Beleg dafür, dass vor dem Ortstermin die Räumlichkeiten gelüftet wurden. Dies entspricht einer üblichen Nutzung, indem morgens gelüftet wird. Durch die Lüftung war die Raumlufttemperatur abgesenkt worden, die Lüftung war jedoch nicht so intensiv erfolgt, dass die Wände bereits ausgekühlt waren.

Bei 2 °C und 74% rel. Luftfeuchte ergibt sich ein Wasserdampfsättigungsdruck von 705 Pa x 0,74 = 522 Pa. Erwärmt man Luft mit einem Wasserdampfdruck von 522 Pa auf 17,5 °C, so ergibt sich eine rel. Luftfeuchte von 29%. Örtlich wurde die rel. Luftfeuchte dagegen zu 54 bzw. 56% gemessen.

Dies ist ein Beleg dafür, dass durch das Lüften zwar die Raumtemperatur abgesenkt wurde, die Luftfeuchte in den Räumen allerdings nicht wesentlich vermindert wurde, oder aber dass nach dem Lüften die Raumluft bereits wieder durch Abgabe von Wasserdampf angefeuchtet wurde, z. B. durch das morgendliche Duschen und das Zubereiten des Frühstücks (Kaffee kochen).

Der Kondensatschutz ist so lange gewährleistet, wie die Temperatur auf den raumseitigen Flächen der Außenbauteile, die von der Raumluft erreicht werden, nicht bis auf die Tautemperatur der Raumluft auskühlt. Die kühlste Temperatur raumseitig auf der Außenwand wird bestimmt durch die Wärmedämmung sowie die Raumtemperatur. Dabei ist zu berücksichtigen, dass durch raumseitig vorgestellte Möbel eine Art Innendämmung erfolgt, und dass in Wandecken geometrische Kältebrücken entstehen können.

Die Tautemperatur der Raumluft ist ein Maß für die „Dampflast". Sie wird allein durch den (absoluten) Dampfgehalt bestimmt. Dieser ist abhängig davon, wieviel Dampf in die Raumluft abgegeben wird z.B. durch die Personen oder dampferzeugende Nutzung, und wieviel Dampf ihr entzogen wird, z.B. durch Lüftung oder Kondensatbildung.

Wärmedurchgangsberechnung Für die Bestimmung der Temperatur auf der Innenfläche der Außenwand kann der Wärmedurchgang nach DIN 4108 berechnet werden. Dabei werden folgende Randbedingungen angesetzt:

Innentemperatur	20,0 °C
Außentemperatur	−10,0 °C
rel. Raumluftfeuchte	60%

Daraus ergibt sich eine niedrigste Oberflächentemperatur innenseitig von 10,0 °C. Die Tautemperatur von 12,0 °C wird also unterschritten. Damit ist der planmäßige Kondensatschutz nicht erfüllt.

Ergänzend wird der Wärmedurchgang mit den örtlich angetroffenen Temperaturen und der örtlich gemessenen rel. Raumluftfeuchte berechnet:

Innentemperatur	19,7 °C (Innenwand)
Außentemperatur	2,0 °C
rel. Raumluftfeuchte	56% (Wohnzimmer)

Daraus ergibt sich eine niedrigste Oberflächentemperatur auf dem Innenputz von 13,8 °C. Eine Kondensatbildung erfolgt erst bei einer rel. Raumluftfeuchte von rechnerisch 68,7%. Unter den örtlich angetroffenen Bedingungen fällt Kondensat also nicht an.

Durch bauphysikalische Berechnung wurde also nachgewiesen, dass der Wärme- und Kondensatschutz der Außenwände nicht mehr ausreichend ist. Bei niedrigen Temperaturen im Winter kann sich auch bei planmäßiger Nutzung Kondensat bilden. Insbesondere nach dem Einbau von isolierverglasten Fenstern ist der kühlste Punkt nicht mehr die Fensterscheibe, wie dies bei einer Einfachverglasung der Fall war, sondern die kühlsten Stellen liegen nun ungünstig in Raumecken sowie an Fensterstürzen. Die Feuchtigkeits- und Schimmelschäden an den Fensterstürzen in Abstellkammer und Bad sind also auf den unzureichenden Kondensatschutz zurückzuführen. Es handelt sich um bauseitig bedingte Mängel.

Auch die Umnutzung von bestehenden Gebäuden kann Probleme mit der Lüftung mit sich bringen. Insbesondere wenn Kellerräume, die ehemals lediglich als untergeordnete Lagerräume genutzt wurden, zu Wohnzwecken umgebaut werden.

Umnutzung

Kellerräume bleiben im Sommer kühl. Beim Lüften gelangt feucht-warme Außenluft in die kühlen Räume. An den kühlen Wänden kann sich die Feuchtigkeit der warmen Luft niederschlagen.

Kellerräume

Allerdings kann nicht jeder Feuchteschaden in bewohnten Kellerräumen auf mangelhafte Lüftung oder feucht-warme Außenluft zurückgeführt werden. Oftmals ist von außen eindringendes Wasser Ursache der Feuchteschäden.

Eine ehemalige Garage wurde in den 30er Jahren zu einem Lagergebäude erweitert. Mitte der 90er Jahre wurde das Gebäude zu Wohnzwecken umgebaut und als 2,5-Zimmerwohnung vermietet.

Beispiel: Umnutzung einer Garage

Nach einiger Zeit rügte die Mieterin Feuchtigkeit in der Wohnung. Dieser Umstand wurde vom Vermieter darauf zurückgeführt, dass die Mieterin den Kellerraum als Schlafzimmer nutzt, obwohl dieser Raum nicht ausreichend gelüftet werden kann.

Örtlich wurde festgestellt, dass im Kellergeschoss das Badezimmer sowie das Schlafzimmer gelegen war. Das Badezimmer verfügt über ein Fenster. Bei dem Schlafzimmer handelt es sich dagegen um einen fensterlosen Raum.

Örtliche Feststellungen

Feuchteflecken waren weder im Bad noch im Schlafzimmer an den Wänden sichtbar. Die Fugen des Fliesenbelages auf dem Boden in Schlafzimmer und Bad waren fleckenartig dunkel verfärbt, also durchfeuchtet.

Dies ist ein Beleg dafür, dass der Kellerboden stark durchfeuchtet ist. Eine solche Durchfeuchtung kann nur auftreten, wenn ein Rohrbruch den Kellerboden unter Wasser gesetzt hätte, oder wenn der Boden nicht abgedichtet ist. Da ersteres nicht der Fall war, muss die Abdichtung des Kellerbodens nicht korrekt erstellt sein.

Der als Schlafzimmer genutzte Vorraum im Keller hatte kein Fenster. Er war mit dem angrenzenden Treppenraum verbunden, der über ein Fenster verfügte. Fenster müssen gemäß § 48 der Landesbauordnung eine Öffnung von mindestens $1/_8$ der Grundfläche haben. Eine für einen Aufenthaltsraum erforderliche Belichtung und Belüftung ist bei dem Kellerraum nicht gegeben. Der Raum kann nicht als Wohnraum qualifiziert werden.

Im Kinderzimmer im Erdgeschoss gab es eine Feuchtestelle im Bereich rechts neben dem Fenster. In diesem Bereich war die Außenwand neu abgedichtet worden, indem ein Bitumenanstrich aufgetragen wurde. Zwischen dem Erdreich und der Wand waren Dämmplatten eingebaut. Die Wand steht hier außen etwa 0,8 m im Erdreich, wobei es sich um lehmigen Boden handelt. Für das verwendete Abdichtungsmaterial muss ein Materialnachweis erbracht werden, dass es gegen flüssig anstehendes Wasser geeignet ist. Bei der Dämmplatte handelt es sich nicht um eine Dränplatte, die Wasser von der Kellerwand fortleitet, sondern nur um eine einfache Schutzplatte für die Abdichtung.

Die Ursache der Wanddurchfeuchtung war ganz offensichtlich eine unwirksame Außenabdichtung.

Eine Probe des Putzes von der Wand im Kinderzimmer wies einen Feuchtegehalt von 0,5 Gew% auf, war also zum Zeitpunkt der Probenahme baupraktisch trocken. Hier hatte also an der Oberfläche der Wand bereits eine Trocknung stattgefunden.

3.5 Altbausanierung

Alte Gebäude werden zunehmend einer neuen Nutzung zugeführt. Leer stehende Viehställe werden zu Einfamilienwohnhäusern umgebaut. Alte Industriegebäude wandeln sich zu Bürocentern. Die Bausubstanz ist nach der ehemaligen Nutzung ausgelegt, die sich von einer Wohnnutzung deutlich unterscheidet. Ohne Anpassung der baulichen Gegebenheiten an die neue Nutzung können erhebliche Probleme auftreten.

Schadstoffe, die bei der ehemaligen Nutzung in die Baustoffe eingedrungen sind, können wieder an die Umgebung abgegeben werden und so den Nutzern zu schaffen machen oder neu aufgebrachte Putze und Anstriche schädigen.

Schadstoffe aus ehemaliger Nutzung

Ein Viehstall und eine Scheune sollten in ein Drei-Familienwohnhaus umgebaut werden.
Bereits kurze Zeit nach Beendigung der Umbauarbeiten im Sommer wurden Feuchteschäden im Bereich der Außenwände von den Mietern der Parterrewohnung gerügt. Der Architekt führte die Feuchteschäden auf Restfeuchte zurück, die durch Heizen und Lüften beseitigt werden können.

Beispiel: fehlende Horizontalsperre

Etwa $1/2$ Jahr später zogen die Mieter aus der Parterrewohnung aus. Die Feuchtigkeit an den Außenwänden war nicht zurückgegangen. Im Folgenden wurden Bautrockner eingesetzt, jedoch letztlich ohne Erfolg.

Vom Bauherrn wurden daraufhin Fachunternehmen für Bauwerkstrocknung eingeschaltet, die das Erscheinungsbild auf aufsteigende Feuchtigkeit zurückführten. Bei Probebohrungen in Putz und Mauerwerk wurde festgestellt, dass die Horizontalsperre fehlt und Salzausspülungen im Altmauerwerk vorhanden waren.

Bei einem Ortstermin wurde festgestellt, dass der Innenputz teilweise bereits wieder vom Mauerwerk entfernt worden war. In Teilbereichen war der Putz dagegen noch vorhanden.
Aus unterschiedlichen Bereichen wurden Proben trocken als Bohrkern entnommen für die Prüfung im Labor.
Im Bereich des freigelegten Mauerwerkes waren Injektionslöcher vorhanden. Diese waren beigespachtelt. Offenbar hatte man durch Injektionsharz versucht, eine Horizontalsperre anzubringen.
Die Bodenflächen waren im Wohnraum mit Parkett ausgelegt. In diesem Bereich war der Putz von der Außenwand abgestemmt worden. Am Parkett gab es keinerlei Anzeichen für Feuchte aus dem Untergrund.
Der Bereich des Wohn-/Eßraumes der zweiten Erdgeschosswohnung war mit einem Fliesenbelag versehen. Am Fliesenbelag selbst gab es ebenfalls keine Anzeichen für eine etwaige Durchnässung von der Bodenplatte her. Wohl aber gab es ober-

Örtliche Feststellungen

halb der Sockelleiste in Teilbereichen Feuchteerscheinungen in Form von leichten Verfärbungen der Tapete.

Außenseitig waren die Wände im Sockelbereich mit einem Glattputz versehen. Davor war der Boden entweder gepflastert oder mit einem Kiesstreifen ausgeführt. Entsprechend gab es keine Feuchteerscheinungen auf der Außenseite der Außenwände.

Feuchtegehalt von Proben Die Proben aus dem Mauerwerk waren trocken als Bohrkern in zwei Stufen bis zu einer Tiefe von ca. 4–5 cm entnommen worden. Für die Beurteilung einer etwaigen Durchfeuchtung des Mauerwerkes wurde der Feuchtegehalt in diesen Proben gravimetrisch bestimmt. Die Proben waren sogleich nach der Entnahme dampfdicht in Beutel aus Polyethylen verpackt worden. Nach dem Eingang im Labor wurden sie eingewogen, anschließend bis zur Gewichtskonstanz im Wärmeschrank getrocknet und nach dem Auskühlen im Exsikkator wieder ausgewogen. Aus der Gewichtsdifferenz zwischen Einwaage und Auswaage ergibt sich der ehemalige Gehalt an Wasser, der auf das Trockengewicht bezogen und in Gew% angegeben wird. Die Bilanzfeuchte des Probematerials wurde bestimmt, indem je Probematerial eine Teilprobe getrocknet, die andere angefeuchtet wurde. Beide Teilproben wurden sodann im Klimaraum bei konstant 20 °C und 60% rel. Luftfeuchte gelagert. Es wurde derjenige Feuchtegehalt bestimmt, der von beiden Teilproben als Grenzfeuchte angestrebt wurde. Dies ist die Bilanzfeuchte zur Umgebung 20/60.

Der maximale Wassergehalt der Proben wurde bestimmt durch Fluten in Wasser bis zur Sättigung.

Der gemessene Wassergehalt (Ist-Feuchte) der Proben wird daran gemessen, zu welchem Anteil die Maximalfeuchte erreicht wird, und um wieviel die Bilanzfeuchte überschritten wird.

Folgende Feuchtegehalte wurden bestimmt:

Probematerial	Ist-Feuchte	Bilanzfeuchte	Max.-Feuchte
P1a	0,99 Gew%	0,5 Gew%	15 Gew%
P1b	1,56 Gew%	0,5 Gew%	15 Gew%
P2a	0,40 Gew%	0,5 Gew%	15 Gew%
P2b	0,55 Gew%	0,5 Gew%	15 Gew%
P3a	0,64 Gew%	0,5 Gew%	15 Gew%
P3b	0,75 Gew%	0,5 Gew%	15 Gew%
P4a	2,60 Gew%	0,5 Gew%	15 Gew%
P4b	7,21 Gew%	0,5 Gew%	15 Gew%

Daraus geht im einzelnen folgendes hervor:

Die Ziegel des Mauerwerkes waren an der Oberfläche (P1a, P2a und P3a) annähernd baupraktisch trocken bzw. allenfalls leicht durchfeuchtet. Lediglich im Bereich, wo der Putz noch vorhanden war (P4a) wurde die Bilanzfeuchte um ca. das 5-fache überschritten, die Maximalfeuchte allerdings nur zu 17% erreicht.

In der tieferliegenden Schicht war der Ziegel jeweils etwas stärker durchfeuchtet. Hier war der Feuchtegehalt gegenüber der obersten Zone jeweils leicht (P2b und P3b) bzw. deutlicher (P1b) erhöht. Im Bereich der Probe P4 war die Durchfeuchtung in der etwas tieferliegenden Zone etwa dreimal so hoch wie nahe der Oberfläche unter dem Putz.

Bei dem Gebäude handelt es sich um einen ehemaligen Viehstall. Daher können als hygroskopisch wirksame Salze Nitrate aus dem Dung der Tiere in das Mauerwerk gelangt sein. Der Gehalt an Nitrat wurde photometrisch bestimmt als 4-Nitro-2,6-Dimethylphenol. Hierzu wurde jeweils eine Teilprobe der örtlich entnommenen Ziegel analysenfein vermahlen, getrocknet und eingewogen. Anschließend wurde die Teilprobe mit destilliertem Wasser zwei Stunden extrahiert. Das jeweilige Extrakt wurde auf definiertes Volumen gebracht, mit einem Gemisch aus Schwefel- und Phosphorsäure angesäuert und mit 2,6-Dimethylphenol versetzt. Die so angefärbte Probelösung wurde gegen eine gleichartig behandelte Blindlösung bei 324 nm photometriert. Der Gehalt an Nitrat wird aus einer Eichkurve abgelesen, die durch Messung von Lösungen mit bekannten Nitratkonzentrationen erstellt wurde. Der gemessene Nitratgehalt wurde auf das Trockengewicht der Probe bezogen und in Gew% angegeben.

Nitrate als Salze im Mauerwerk

Folgende Nitratgehalte wurden festgestellt:

Probe	Nitratgehalt
P1a	0,197 Gew%
P1b	0,158 Gew%
P2a	0,148 Gew%
P2b	0,040 Gew%
P3a	0,071 Gew%
P3b	0,025 Gew%
P4a	0,130 Gew%
P4b	0,148 Gew%

Die Einstufung der Belastung des Mauerwerkes erfolgt nach folgender Bewertungsskala für bauschädliche Salze:

Bewertung	Belastung Nitrat
minimal	≤ 0,002 Gew%
gering	0,02–0,05 Gew%
mittel	0,05–0,16 Gew%
hoch	≥ 0,16 Gew%

In allen untersuchten Bereichen wurde eine geringe bis mittlere Belastung an Nitratsalzen festgestellt. Lediglich im Bereich der Probe P1a war die Belastung an Nitratsalzen hoch.

Von den Feuchtigkeitserscheinungen waren besonders die Bereiche des Altmauerwerkes betroffen. Sie erstreckten sich jeweils verstärkt auf den unteren Bereich der Wände im unmittelbaren Anschluss zum Boden.
Durch gravimetrische Feuchtebestimmung an Proben, die aus unterschiedlichen Bereichen des Mauerwerkes der Außenwände entnommen worden waren, wurde festgestellt, dass zur Oberfläche hin jeweils eine merkliche Trocknung stattgefunden hatte, im tieferliegenden Bereich war das Mauerwerk dagegen deutlich feuchter. Dies ist ein Beleg dafür, dass das Mauerwerk vom Kern her durchfeuchtet wird. Die Trocknung war dort besonders auffällig, wo der Putz zum Zeitpunkt des Ortstermines bereits entfernt war.
Des Weiteren wurde durch chemische Analyse festgestellt, dass im Mauerwerk schädliche Salze in Form von Nitraten enthalten waren. Diese Salze waren bis an die Oberfläche des Mauerwerkes transportiert worden. Auch dies ist ein Beleg dafür, dass ein Wassertransport durch von unten aufsteigende Feuchte stattfindet. Das Wasser nimmt Nitrate auf, weil diese leicht wasserlöslich sind. Über das Kapillarsystem gelangen die Nitrate mit dem Wasser in das Mauerwerk und an dessen Oberfläche.

Fehlende Horizontalsperre Die Feuchtigkeitserscheinungen sind darauf zurückzuführen, dass im Mauerwerk eine wirksame Horizontalsperre fehlt, so dass Feuchtigkeit aus der Bodenplatte nahezu ungehindert in den Wänden aufsteigen kann. Da es sich ehemals um einen Viehstall gehandelt hat, ist die Bodenplatte mit Sicherheit mit Nitratsalzen aus dem Dung der Tiere belastet. Diese Nitratsalze werden vom Wasser aufgenommen und gelangen ebenfalls in das Mauerwerk. Da Nitrate hygroskopisch sind, ziehen sie

Wasser an. Auch hierdurch findet eine geringe Durchfeuchtung statt.

Zwar hatte man in Teilbereichen bereits versucht, durch Harzinjektion eine Horizontalsperre einzubringen. Hierbei war jedoch nicht sichergestellt, dass diese über den gesamten Querschnitt des dicken Altmauerwerkes wirksam war.

Zur Sanierung war bereits begonnen worden, eine Horizontalsperre nachträglich durch Harzinjektion in das Mauerwerk einzubringen. Diese Maßnahme muss fortgesetzt werden. Hiervon sind alle Wände betroffen, also sowohl das alte Mauerwerk als auch das neu errichtete Mauerwerk der Außenwände und ebenso die Innenwände, wenngleich sich hier noch keine Feuchteschäden gezeigt haben. Wenn diese Innenwände ohne horizontale Sperrschicht auf der Bodenplatte errichtet sind, können Feuchtigkeit und Salze auch in die Innenwände gelangen. *Sanierungsmaßnahmen*

Die Horizontalsperre kann nachträglich durch Harzinjektion eingebracht werden. Hierbei muss jedoch berücksichtigt werden, dass in dem relativ dicken Altmauerwerk die Bohrlöcher für die Injektion in mehreren Lagen übereinander und in unterschiedlicher Tiefe eingebracht werden müssen, damit der gesamte Querschnitt des Mauerwerkes sicher von der Horizontalsperre erfaßt wird.

Der Putz auf dem durch Salze belasteten Mauerwerk muss entfernt werden einschließlich der vorhandenen Tapezierung. Sodann müssen die Wandflächen mit einem sogenannten Sanierputz versehen werden, der bei der noch weiter erfolgenden Trocknung des Mauerwerkes etwa in den Putz gelangene Salze in den Kapillarporen aufnehmen kann, so dass diese nicht zur Oberfläche gelangen können.

Ein unter Denkmalschutz stehender Bauernhof einschließlich des ehemaligen Viehstalles wurde zu Wohnzwecken umgebaut. In dem Gebäudeteil, in dem sich der Viehstall befunden hatte, traten im Erdgeschoss Feuchteschäden mit Schimmelbildung und Ausblühungen auf. **Beispiel: Salzbelastung**

Bei einem Ortstermin wurde festgestellt, dass das Gebäude aus massivem Ziegelmauerwerk besteht. Der Sockelbereich ist außenseitig aus Naturbruchsteinmauerwerk erstellt. Die Giebelwand des Gebäudes ist mit einem Wärmedämmverbundsystem versehen, das vor das Ziegelmauerwerk gesetzt ist. *Örtliche Feststellungen*

Von der Straßenseite aus gesehen auf der linken Seite neben dem Eingang wurde ein Schlitz bis in eine Höhe von ca. 60 cm über Pflasterbelag gestemmt. Hierbei wurde ausschließlich Natursteinmauerwerk mit mineralischem Mörtel angetroffen. Eine Horizontalsperre war nicht erkennbar.

Aus der Außenwand wurden auf der von der Straßenseite aus gesehen linken Seite neben dem Eingang zwei Bohrkerne von ca. 5 cm Durchmesser entnommen:

Probe 1.1	ca. 85 cm von der Außenecke entfernt, ca. 25 cm über Pflasterbelag.

In einer Tiefe von ca. 17 cm fiel der Bohrkern nach innen. Dies ist ein Beleg dafür, dass das Mauerwerk im Sockelbereich zweischalig aufgebaut ist mit Natursteinmauerwerk (außen), Fuge (lose Schüttung) und Ziegelmauerwerk (innen).

Probe 1.2	ca. 132 cm von der Außenecke entfernt, ca. 20 cm über Pflasterbelag

Aus der Außenwand wurden auf der von der Straßenseite aus gesehen rechten Seite neben dem Eingang zwei weitere Bohrkerne von ca. 5 cm Durchmesser entnommen:

Probe 2.1	ca. 141 cm von der Laibung der Eingangstür entfernt im Bereich der Heizkörpernische unter dem Küchenfenster, ca. 10 cm über Pflasterbelag
Probe 2.2	ca. 141 cm von der Laibung der Eingangstür entfernt, im Bereich der Heizkörpernische unter dem Küchenfenster, ca. 60 cm über Pflasterbelag

In einer Tiefe von ca. 15 cm wurde Putz angetroffen. Offenbar war auch hier das Mauerwerk im Sockelbereich zweischalig aufgebaut mit Naturbruchsteinmauerwerk außen und dahinter Putz mit Ziegelmauerwerk.

Im Inneren des Gebäudes wurden folgende Proben entnommen:

Probe 3	WC-Bereich, straßenseitige Außenwand, Putz und Ziegelstein
Probe 4	WC-Bereich, giebelseitige Außenwand, Putz und Ziegelstein

3 Schimmelschäden durch Kondensat

Probe 5	Wohnraum, Trennwand zum WC-Bereich, neben Zimmertür, Tapete, Putz, Holzwolleplatte und Holz von Träger
Probe 6	Wohnraum, Trennwand zum WC-Bereich nahe Giebelwand, Tapete, Putz und Ziegelstein
Probe 7	Wohnraum, giebelseitige Außenwand, zwischen den Fenstern, Tapete, Putz und Ziegelstein
Probe 8.1	Küche, straßenseitige Außenwand, Heizkörpernische, Putz, Holzwolleplatte und Ziegelstein
Probe 8.2	Küche, straßenseitige Außenwand, Laibung Heizkörpernische, Tapete, Putz und Ziegelstein
Probe 9.1	Vorratsraum, Trennwand zur Küche, Kalkschlämme und Ziegelstein

Abb. 3/43:
Feuchte im unteren
Bereich der Trennwand
zur Küche erkennbar
(Farbabbildung s. S. 181)

Probe 9.2	Küchenschrank, Trennwand zum Vorratsraum, Kalkschlämme und Ziegelstein
Probe 10	Wohnraum, Trennwand zur Küche, Tapete und Putz
Probe 11	Wohnraum, Trennwand zum Vorratsraum, Tapete und Putz

Abb. 3/44:
Putz und Anstrich blättern ab
infolge Feuchteeinwirkung
(Farbabbildung s. S. 181)

Abb. 3/45:
Tapete löst sich infolge
Feuchteeinwirkung vom
Untergrund ab
(Farbabbildung s. S. 182)

Feuchtemessung Mit einem Feuchtemeßgerät wurden Messungen an den Außenwänden durchgeführt:

Messreihe 1 giebelseitige Außenwand
Bereich zwischen den Fenstern
Messreihe 2 straßenseitige Außenwand
Bereich WC und Diele

Die Einstellung des Feuchtemeßgerätes betrug bei den Messungen „B", dabei entspricht die Anzeige 99 einer vollständigen Durchfeuchtung des Baumaterials. *(Abb. 3/46 u. 3/47)*

Bei der Messreihe 1 wurden erhöhte Werte lediglich unmittelbar oberhalb der Fußleiste festgestellt. Darüber lag die Feuchtigkeit deutlich niedriger. An dieser Wand war laut Angabe bei der Sanierung durch Anbringen des Wärmedämmverbundsystem auch eine Harzinjektion in das bestehende Mauerwerk von außen vorgenommen worden. Dies ist plausibel, denn Durchfeuchtungen gab es lediglich im unteren Bereich im unmittelbaren Anschluss zur Bodenplatte.
Bei der Messreihe 2 wurden erhöhte Werte auch in höheren Bereichen des Mauerwerkes angetroffen. An dieser Außenwand waren keine Harzinjektionen eingebracht. Entsprechend konnte die Feuchte ungehindert im Mauerwerk aufsteigen.

Feuchtegehalt von Proben An den örtlich entnommenen Proben wurde der Feuchtegehalt bestimmt. Hierzu wurden die Proben jeweils eingewogen, im Klimaraum bei 20 °C und 60% relativer Luftfeuchte bis zur Gewichtskonstanz gelagert und ausgewogen.

					Höhe über Fußleiste
11	–	–	–	–	60 cm
45	31	22	19	–	40 cm
55	39	25	23	21	20 cm
79	80	88	55	82	5 cm
1	**2**	**3**	**4**	**5**	
0 cm	40 cm	80 cm	120 cm	160 cm	

	Diele			WC				Höhe über Fußleiste
63	–	–	85	90	–	82	74	60 cm
69	–	–	91	–	92	91	91	40 cm
42	–	–	88	–	93	92	92	20 cm
86	91	88	93	94	90	86	90	5 cm
8	**7**	**6**	**5**	**4**	**3**	**2**	**1**	
280 cm	240 cm	200 cm	160 cm	120 cm	80 cm	40 cm	0 cm	

Abb. 3/47:
Messreihe 2

Im Klimaraum stellt sich die Bilanzfeuchte des Probematerials ein. Aus der Gewichtsdifferenz zwischen Einwaage und Auswaage ergibt sich der jeweilige Feuchtegehalt, um den die Bilanzfeuchte überschritten wird.

Folgende Werte wurden ermittelt:

Probe	Feuchtegehalt über Bilanzfeuchte
3 Putz	2,25 Gew%
3 Ziegel	3,52 Gew%
4 Putz	2,55 Gew%
4 Ziegel	2,38 Gew%
5 Putz	0,43 Gew%
5 Howopl.	0,50 Gew%
6 Putz	1,11 Gew%
7 Putz	0,41 Gew%
8.1 Howopl.	8,07 Gew%
9.1 Ziegel	0,20 Gew%
9.2 Ziegel	0,80 Gew%
10 Putz	1,13 Gew%
11 Putz	1,13 Gew%

Aus der Feuchtebestimmung ist ersichtlich, dass Putz und Ziegel deutlich durchfeuchtet sind im Bereich der straßenseitigen Außenwand sowie in unmittelbar daran anschließenden Wandbereichen (Proben 3, 4 und 8.1).

Diejenige Probe, die aus der giebelseitigen Außenwand entnommen wurde, ist dagegen nur gering feucht (Probe 7). Hier ist offenbar die durch Harzinjektion eingebrachte Sperre wirksam.

Diejenigen Proben, die aus innenliegenden Wänden entnommen wurden, sind ebenfalls nur gering feucht (Proben 5, 9.1, 9.2, 10 und 11). Hier hatte offenbar eine ausreichend starke Trocknung nach innen stets stattfinden können, so dass aus der Bodenplatte aufsteigende Feuchte nur ein geringes Problem darstellt.

Nitrate als Salze im Mauerwerk Da es sich um einen ehemaligen Viehstall handelt, wurde der Gehalt an Nitraten, wie sie aus dem Dung der Tiere stammen können, in den örtlich entnommenen Proben quantitativ bestimmt.

Der Salzgehalt wurde bestimmt, indem jeweils eine Teilprobe trocken eingewogen und mit entionisiertem Wasser extrahiert wurde. Das Extrakt wurde auf definiertes Volumen gebracht, mit einem Gemisch aus verdünnter Schwefel- und Phosphorsäure versetzt. Anschließend wurde ein aliquoter Teil 2,6-Dimethylphenol zugegeben. Mit dem anwesenden Nitrat bildet sich ein roter Farbkomplex, 4-Nitro-2,6-dimethylphenol. Die Farbintensität der jeweiligen Probelösung wird mit einer Intensitätsskala von Lösungen mit bekannten Nitratgehalten photometrisch verglichen. Daraus wird der Nitratgehalt der Probelösung abgelesen.

Folgende Nitrat-Gehalte wurden bestimmt:

Probe	Nitratgehalt
3 Putz	<0,001 Gew%
3 Ziegel	0,003 Gew%
4 Putz	<0,001 Gew%
4 Ziegel	0,008 Gew%
5 Putz	0,001 Gew%
6 Putz	<0,001 Gew%
7 Putz	<0,001 Gew%
9.1 Ziegel	0,061 Gew%
9.2 Ziegel	0,056 Gew%
10 Putz	0,001 Gew%
11 Putz	0,001 Gew%

Daraus ist ersichtlich, dass die Nitratbelastung im Putz nur sehr gering ist. Lediglich in einzelnen Bereich (Proben 9.1 und 9.2) ist im Ziegel ein mittlerer Nitratgehalt anzutreffen.

Die örtlich entnommenen Proben wurden hinsichtlich der Art des Innenputzes sowie des Mauermörtels mikroskopisch untersucht. Hierzu wurde ein Mikroskop mit bis zu 60-facher Vergrößerung verwendet. Im einzelnen wurde folgendes festgestellt:
Bei dem Innenputz handelt es sich in allen untersuchten Bereichen um einen mineralischen Mörtel ohne sperrende Eigenschaften. Aufgenetztes Wasser wurde unmittelbar in die Kapillaren und Poren des Mörtels aufgenommen. Es handelt sich nicht um einen Sperrputz.
Auch der Mauermörtel war mit keinerlei sperrenden oder wasserhemmenden Zusätzen versehen. Auch beim Mauermörtel wurde aufgenetztes Wasser unmittelbar aufgesaugt.

Aus den örtlich aufgenommenen Feuchteprofile der Außenwände ist ersichtlich, dass in der straßenseitigen Außenwand Feuchte von unten ungehindert im Mauerwerk aufsteigt. In der Außenwand wurde keine Horizontalsperre angetroffen, weder im Außenmauerwerk aus Naturstein (was auch eher unwahrscheinlich ist) noch im Innenmauerwerk aus Ziegeln. Bei dem Putz handelt es sich auch nicht um einen sogenannten Sperrputz.

Horizontalsperre fehlt teilweise

Bei der giebelseitigen Außenwand nehmen die Feuchtegehalte nach oben hin deutlich ab. Hier ist eine Horizontalsperre offensichtlich wirksam. Ein Sperrputz ist allerdings in diesem Bereich ebenfalls nicht vorhanden, so dass Feuchte im Putz aufsteigen kann.
Das Mauerwerk verfügt über keine Horizontalsperre. Eine vertikale Außenabdichtung war ebenfalls nicht gegeben. Die Bodenplatte konnte also von außen und unten kapillar Wasser aus dem hier angrenzenden Erdreich aufnehmen und an die aufstehenden Wände weiter geben. Die Außenwände selbst binden nicht in das Erdreich ein, benötigen also auch keine vertikale Außenabdichtung.
Eine Innenabdichtung in Form eines Sperrputzes war nicht vorhanden. Ein wasserabweisender Anstrich wäre bei Hinterfeuchtung vom Untergrund abgelöst worden. Insofern kann der Wassertransport einschließlich der im Wasser gelösten Salze bis an die Oberfläche der Innenseiten der Wände stattfinden. Das von außen/unten in das Mauerwerk eindringende Wasser

diffundiert über das Kapillar- und Porensystem des Mauerwerkes durch dieses hindurch aufgrund des Gefälles hinsichtlich des Feuchtegehaltes, weil nach innen bei üblicher Nutzung stets eine Trocknung stattfindet. Vom Wasser wird Calciumcarbonat aus dem Mörtel des Mauerwerkes gelöst und transportiert. Das gleiche gilt auch für vorhandene Salze wie Kaliumnitrat, das über den Dung der Tiere bei der Nutzung des Gebäudes als Viehstall in einzelne Bereiche des Mauerwerks eingedrungen war. Bei der Trocknung kann das Wasser bis an die Oberfläche auf der Innenseite der Wände gelangen. Dort verdunstet es. Die mitgeführten Salze bleiben als Ausblühungen zurück.

Dieser Vorgang folgt einer bauphysikalischen Gesetzmäßigkeit, findet also seit der Errichtung des Mauerwerkes bzw. seit der Nutzung als Viehstall (hinsichtlich der Nitratbelastung) in der vorliegenden Form statt.

Eine funktionstüchtige Horizontalsperre allein schützt noch nicht vor Feuchteschäden, wie das folgende Beispiel zeigt:

<table>
<tr><td>Beispiel:
Feuchteschäden trotz
Horizontalsperre</td><td>Im Keller eines Einfamilienwohnhauses waren insbesondere an der Giebelwand Feuchteschäden aufgetreten. Daraufhin wurde der Bereich vor der Giebelwand abgegraben und die Kelleraußenwand mit einer bituminösen Abdichtung versehen.</td></tr>
</table>

Gleichwohl traten im Folgenden erneut die gleichen Feuchterscheinungen an den Kellerwänden, und auch an der genannten Giebelwand auf. Daraufhin wurden an der Giebelwand Harzverpressungen vorgenommen.

Des Weiteren wurden im Zuge der vorgenannten Sanierungsmaßnahmen zwei Pumpenschächte am Gebäude erstellt, um Wasser von den Kelleraußenwänden fernzuhalten.

Die Sanierungsmaßnahmen waren insgesamt nicht erfolgreich, denn es traten nach wie vor Feuchteschäden auf.

Örtliche Feststellungen Bei einem Ortstermin wurde festgetellt, dass an der Giebelwand im Keller zwei Räume gelegen waren: ein Schlafraum und die Waschküche. Der Schlafraum war vollständig freigeräumt. Hier war der Estrich sichtbar. Am Estrich gab es keinerlei Anzeichen für von unten aufsteigende Feuchtigkeit oder etwaige stärkere Durchnässungen.

An den Wänden, die aus Kalksandsteinmauerwerk bestanden und geputzt waren, gab es umlaufend mehr oder weniger stark ausgeprägt Feuchtemarken, an der Gebäudeaußendecke bis in eine Höhe von ca. 50 cm.

Stellenweise war der Putz abgeschlagen gewesen. Hier waren Injektionspacker gesetzt. Diese Bereiche waren mit einem mineralischen Mörtel (dem Augenschein nach Zementmörtel) wieder geschlossen worden.

Harzinjektion

In der Waschküche war der Boden gefliest. Auch hier gab es an den Fliesenfugen keinerlei Anzeichen für stärkere Durchfeuchtungen z.B. in Form von deutlicher Dunkelfärbung des Mörtels oder Ausblühungen.

Die Außenwand zur Kelleraußentreppe war ebenfalls aus Kalksandsteinmauerwerk ausgeführt und geputzt. Auch hier war der Putz stellenweise abgeschlagen, und es waren Injektionspacker für die Harzinjektion gesetzt. Diese mit Harz verpressten Bereiche waren nicht wieder mit Mörtel geschlossen worden. In diesem Bereich war sichtbar, dass lediglich die erste Steinreihe des Kalksandsteinmauerwerkes durchfeuchtet war, erkennbar an der Dunkelfärbung. Darüber war eine bituminöse Horizontalsperre eingebracht. Die folgenden Steinreihen des Kalksandsteinmauerwerkes waren sichtlich und fühlbar an der Oberfläche trocken.

Des Weiteren war erkennbar, dass der Innenputz über die Horizontalsperre ohne Trennung hinweg nach unten geführt war und folglich eine Feuchtigkeitsbrücke darstellt, indem Wasser aus dem durchfeuchteten Kalksandstein der ersten Steinreihe unterhalb der Horizontalsperre im Putz kapillar aufgenommen wird und in diesem kapillar weiter aufsteigen kann bis über die Horizontalsperre.

Innenputz über Horizontalsperre geführt

Bei der Harzinjektion hatte man den zum Teil in der Haftfläche mürbe gewordenen Putz vom Untergrund abgedrückt.

Im großen Kellerraum waren der Whirlpool, die Sauna sowie eine Bar untergebracht. Auch hier war erkennbar, dass jeweils die untere Steinreihe des Kalksandsteinmauerwerkes, das in diesem Bereich gestrichen war, durchfeuchtet war. Die darüberliegenden Reihen des Kalksandsteinmauerwerkes waren ungeschädigt. (*Abb. 3/48*)

Die Theke der Bar im Kellerraum war aufgemauert und ebenfalls oberflächenbeschichtet. Hier waren allenfalls sehr leichte Feuchtemarken erkennbar.

Gleiches gilt für die aufgehenden Wände des Treppenraumbereiches sowie für den Technikraum.

Außenabdichtung Von außen war an der Giebelwand erkennbar, dass ehemals eine Abgrabung vor dem Schlafraum vorgenommen gewesen war. Hier war unterhalb des Fensters eine bituminöse Abdichtung erkennbar. Dieser Arbeitsbereich war bereits wieder verfüllt worden. Unmittelbar vor dem Eckbereich des Schlafraumes zur Waschküche hin war ein Pumpenschacht eingebracht. Dieser war mindestens bis zur Kellersohle heruntergeführt. Zum Zeitpunkt des Ortstermines stand in diesem Schacht kein Wasser an, obwohl es in den Tagen zuvor geregnet hatte.

Vor der weiterführenden Außenwand der Waschküche befand sich die Kelleraußentreppe. Diese war in Beton erstellt. Unterhalb der Kellertreppe sei der Bereich ausgehöhlt und die Außenwand ebenfalls mit bituminöser Abdichtung versehen worden, soweit die Außenwand hier erreichbar war.

Im nachhinein lässt sich nicht mehr ohne weiteres nachvollziehen, ob die Maßnahme zur Außenabdichtung der Giebelwand im Kellerbereich erforderlich und sinnvoll war. Undichtigkeiten in der Außenabdichtung von Kelleraußenwänden machen sich in der Regel nicht durch aufsteigende Feuchtemarken bemerkbar, sondern durch fleckig in der Fläche der Wand auftretende Feuchterscheinungen.

Sanierungsmaßnahmen Sanierungsmaßnahmen sollten Zug um Zug durchgeführt werden:

Im Schlafraum sowie in der Waschküche im Keller sollte der Innenputz im unteren Bereich bis ca. 20 cm oberhalb der Horizontalsperre zunächst umlaufend an sämtlichen Wänden abgeschlagen und entfernt werden. Sodann sollten die Wände über einen Zeitraum von mindestens einer, besser zwei Wochen trocknen, so dass sicher beurteilt werden kann, ob die Horizontalsperre umlaufend an allen Wänden funktionstüchtig ist. Sollte sich hierbei herausstellen, dass die Horizontalsperre an einzelnen Stellen Undichtigkeiten aufweist, so können diese Stellen gezielt mit Harz verpresst werden.

Bei intakter Horizontalsperre kann im unteren Bereich ein sogenannter Sperrputz aufgebracht werden. Hierbei handelt es sich um eine mineralische Dichtschlämme, die kunststoffvergütet ist und zunächst auf den Untergrund aufgebracht wird. Sodann können die geöffneten Bereiche mit einem Zementputz geschlossen werden. Dieser Zementputz ist ebenfalls kunststoffvergütet und wasserabweisend (hydrophob) eingestellt, so dass von diesem Putz Wasser nicht mehr kapillar aufgenommen und nach oben weitergeleitet wird. *Sperrputz*

Die so vorbereiteten Wandflächen können anschließend malermäßig überarbeitet werden. Da der Sperrputz lediglich die kapillare Aufnahme von Wasser verhindert, nicht aber die Diffusion von Wasser in dampfförmiger Form verhindern kann, sollten die Wände nicht tapeziert werden, weil der Zellulosestoff der Tapeten den idealen Nährboden für Schimmelpilze selbst bei geringer Feuchte durch Wasserdampf bilden kann. Sinnvoller ist hier ein mineralischer Anstrich.

Die Fliesenbeläge sowohl in der Waschküche als auch im großen Kellerraum sollten belassen werden. Sollten sich hieran zu einem späteren Zeitpunkt wider Erwarten stärkere Feuchteschäden zeigen, so kann immer noch eine Wandlung des Bodenaufbaues vorgenommen werden.

Die Wandbereiche im großen Kellerraum sowie im Technikraum sollten belassen werden. In diesen Bereichen kann der Anstrich im unteren Bereich überarbeitet werden. Hier sollte ein mineralischer Anstrich aufgebracht werden, so dass die Feuchtigkeit in der ersten Steinlage des Kalksandsteinmauerwerkes frei abtrocknen kann.

Die Kellerräume sollten stets gut gelüftet werden, damit die durch Diffusion eingetragene Feuchtigkeit sowie die nach innen abtrocknende Feuchtigkeit aus der ersten Steinreihe sicher abgeführt wird und nicht als Kondensat sich an kühlen Außenecken niederschlagen kann.

Da nicht ausgeschlossen werden kann, dass in geringen Mengen Feuchtigkeit in den Estrich im Schlafraum eindringt, sollte der Estrich flächig mit einer Dichtschlämme und einer kunststoffvergüteten Spachtelmasse versehen werden, die als Flächenabdichtung wirkt. Darauf kann dann der Teppichboden verklebt werden.

Auch Umbaumaßnahmen am Nachbargebäude können an der Altbausubstanz der bestehenden Bebauung Schäden verursachen, wenn bauphysikalische Veränderungen nicht berücksichtigt werden.

Beispiel: vorübergehend fehlender Wärmeschutz Neben einem Stadthaus wurde ein Altbau abgerissen und an dessen Stelle ein Neubau errichtet.
Im Zuge der Baumaßnahmen traten Feuchteschäden in Form von Wassereintritt auf mit der Folge von Geruchsbelästigung und Schimmelbildung.

Örtliche Feststellungen Bei dem Ortstermin wurde festgestellt, dass an der Haustrennwand zum Nachbargrundstück Feuchteschäden in Form von gelblich-bräunlichen Flecken auf der Tapete vorhanden waren. Teils hatte sich die Tapete wellig infolge Feuchteeinwirkung vom Untergrund abgelöst. Auch am Teppichboden in dem an der Haustrennwand gelegenen Schlafzimmer waren sehr leichte Feuchteränder schwach erkennbar. *(Abb. 3/49)*

Vom Putz sowie von der Tapete im Schlafzimmer der Wohnung des Antragstellers wurden Proben entnommen für die Prüfungen im Labor.

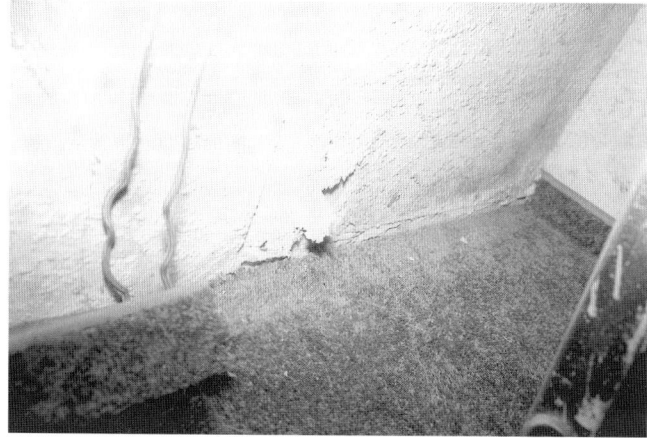

Abb. 3/49:
Feuchteeinwirkung
an Tapete und
Teppichboden sichtbar
(Farbabbildung s. S. 182)

3 Schimmelschäden durch Kondensat

Anschließend wurde die Haustrennwand von seiten des Nachbargebäudes besichtigt. Hier war der Rohbau fortgeschritten. In Teilbereichen war an der Haustrennwand Kalksandsteinmauerwerk neu errichtet, in Teilbereichen war das Altmauerwerk mit Putz belassen. Die Wand war nicht wärmegedämmt. Fenster waren zum Zeitpunkt des Ortstermines noch nicht eingebaut.

An der örtlich entnommenen Probe des Putzes von der Wand zum Nachbargrundstück wurde der Feuchtegehalt gravimetrisch bestimmt.

Feuchtegehalt einer Probe

Die Probe war sogleich nach der Entnahme dampfdicht in einen Beutel aus Polyethylen verpackt worden. Nach dem Eingang im Labor wurde die Probe eingewogen, im Trockenschrank bis zur Gewichtskonstanz getrocknet und ausgewogen. Aus der Gewichtsdifferenz zwischen Ein- und Auswaage ergibt sich der Gehalt an Wasser, der auf das Trockengewicht bezogen und in Gewichtsprozent angegeben wird.

Die Bilanzfeuchte des Probematerials wurde bestimmt, indem eine Teilprobe getrocknet, eine zweite angefeuchtet wurde. Beide Teilproben werden im Klimaraum bei 20 °C und 60% relativer Luftfeuchte gelagert. Es wird derjenige Feuchtegehalt bestimmt, der von beiden Proben als Grenzfeuchte angestrebt wird.

Probe	Ist-Feuchte	Bilanzfeuchte
Putz	0,30 Gew%	0,30 Gew%

Der Putz war zum Zeitpunkt der Probenahme also baupraktisch trocken. Die Bilanzfeuchte wurde eingehalten.

Örtlich war ein Teilstück der Tapete aus dem Schlafzimmer der Wohnung des Antragstellers entnommen worden. Dieses wurde hinsichtlich eines etwaigen Schimmelbefalls mikroskopisch untersucht.

Schimmelbefall

Für die mikroskopische Prüfung wurde ein Stereomikroskop verwendet mit Auflicht bei 30- bis 80-facher Vergrößerung. Dabei wurde im einzelnen folgendes festgestellt:
Auf der Tapete waren sowohl auf der Vorder- als auch auf der Rückseite schwarze Flecken sichtbar. Hier war deutlich das Mycel (Wurzelwerk) eines Pilzes als feine Fäden sichtbar.
Die Tapete war also von Pilz durchwachsen.

An der Haustrennwand zum Nachbargrundstück waren Feuchteschäden in Form von Feuchteflecken und Schimmelbildung vorhanden. Des Weiteren hatte sich an dieser Wand die Tapete stellenweise wellig infolge Feuchteeinwirkung vom Untergrund abgelöst. Die Feuchteschäden waren im Bereich des Überganges Wand/Decke, aber auch im unteren Bereich im Anschluss Boden/Wand deutlich vorhanden.

Die Feuchteschäden können durch Kondensatbildung verursacht sein, weil die freiliegende Giebelwand (konstruktionsbedingt) nicht wärmegedämmt ist. Wenn hier das Nachbarhaus angrenzt, ist eine Wärmedämmung auch nicht erforderlich. In der Bauphase wird die Giebelwand allerdings zeitweise zur Außenwand. Hierfür ist die Dämmwirkung nicht ausreichend, so dass sich Kondensat bildet.

Auch Schlagregen kann in die während der Bauphase ungeschützte Giebelwand gelangen und diese durchnässen.

Zum Zeitpunkt des Ortstermines hatte eine merkliche Trocknung der Giebelwand bereits stattgefunden. Der Putz auf der Innenseite der betroffenen Wohnung war baupraktisch trocken.

Als Folge der Durchfeuchtung, insbesondere aber der Schimmelbildung tritt ein Modergeruch auf.

Zur Beseitigung der Schäden müssen die Wandbereiche zum Nachbargebäude nicht vollständig erneuert werden. Vielmehr können die beschädigten Tapeten und der Putz von den betroffenen Wandbereichen entfernt und ein neuer Putz und eine neue Tapete aufgebracht werden.

Eine Isolierung in Form einer Wärmedämmung muss an der Giebelwand nicht aufgebracht werden, weil die Wand nach Erstellung des Nachbargebäudes nicht mehr der Außentemperatur ausgesetzt sein wird. Auch eine Isolierung zum Schutz gegen Feuchte muss auf der Haustrennwand aus demselben Grund nicht aufgebracht werden.

Mit den Maßnahmen zur Schadensbeseitigung sollte gewartet werden, bis das Nachbargebäude soweit fertiggestellt ist, dass Fenster und Heizung eingebracht sind.

Die übrigen Teile der Wohnung können üblich gereinigt werden durch Absaugen und Feucht-Wischen. Zur Verhinderung von weiterem Schimmelbefall kann ein mildes fungizides (pilztötendes) Mittel dem Reinigungswasser zugesetzt werden. Die Teppichböden können mit Teppichreiniger behandelt werden. Ebenso können die Matrazen und Textilien gereinigt werden.

Nach Sanierungsmaßnahmen tritt nicht immer der gewünschte Erfolg ein. Hierbei sollte bedacht werden, dass die Austrocknung einmal eingedrungener Feuchte Zeit braucht, ein Erfolg sich also nicht sofort zeigen kann.

An einer Giebelwand im Schlafzimmer im Obergeschoss waren Feuchteschäden aufgetreten. Insbesondere im Eckbereich war das Bimsmauerwerk stark durchfeuchtet. Die Feuchteschäden waren auf eine Beschädigung der Außenseite zurückzuführen. Die Außenwand war zur Sanierung bereits mit einem kunststoff-modifizierten Putz versehen. Daher konnte eine Trocknung des Mauerwerkes nur noch nach innen stattfinden. **Beispiel: langsame Trocknung**

Bei dem Ortstermin wurde festgestellt, dass es im Schlafzimmer, wo ehemals die Giebelwand stark durchfeuchtet war, geringfügige Feuchtemarken in der Ecke an der Giebelwand im Anschluss zur Decke gab. In diesem Bereich konnte allerdings keine akute Oberflächenfeuchte festgestellt werden. *Örtliche Feststellungen*

Die darüber befindliche Dachterrasse war bituminös abgedichtet. Die Abdichtung war am Dachrand korrekt hochgeführt. Am Anschluss und an der Abdichtung im Eckbereich waren keinerlei Schäden oder Undichtigkeiten sichtbar.

Einen weiteren Feuchteschaden gab es in der Heizkörpernische unterhalb des Fensters an der seitlichen Laibung. In der Heizkörpernische war der Wandaufbau in seinem Querschnitt vermindert. Eine Dämmung gab es in diesem Bereich nicht. (Abb. 3/50)

Ferner gab es einen Feuchteschaden an der Laibung des Fensters im Schlafzimmer. In diesem Bereich wurde der Anschluss geöffnet, weil hier die Beschichtung verrottet war. Das Fenster war an den seitlichen Anschlüssen nicht abgedichtet, sondern hier war lediglich Zeitungspapier in den Spalt gestopft. Dieses Zeitungspapier war stark durchnässt und aufgeweicht. (Abb. 3/51)

Abb. 3/50:
Feuchteflecken mit
Schimmelbildung
an der Laibung der
Heizkörpernische
(Farbabbildung s. S. 183)

Bei den Feuchteflecken an der Deckenuntersicht im Schlafzimmer im Eckbereich zur Giebelwand kann es sich nicht um die Folge von Undichtigkeit an der Abdichtung der darüberliegenden Dachterrasse handeln, denn zum Ersten wurden an dieser keinerlei Anzeichen für eine Fehlstelle angetroffen und zum Zweiten hätten die Feuchteschäden in diesem Fall auch deutlich stärker sein müssen.

Abb. 3/51:
Spalt am Fenster
mit Zeitungspapier
ausgestopft
(Farbabbildung s. S. 183)

Der obere Eckbereich stellt unterhalb des Dachrandes eine geometrische Kältebrücke dar, weil der Dachrand wie eine Kühlrippe wirkt. Hinzu kommt im vorliegenden Fall, dass das Außenmauerwerk durch den ehemaligen Schaden durchnässt war. Die Trocknung des Mauerwerkes kann ausschließlich nach innen erfolgen, weil von außen ein kunststoff-modifizierter Putz aufgetragen war. Dieser ist stark dampfdiffusionshemmend. Im Sommer wird die Außenwand erwärmt. Daher verdunstet das im Mauerwerk enthaltene Wasser, im vorliegenden Fall nach innen, was sich als Feuchtefleck bemerkbar macht.

Kühlrippeneffekt verstärkt durch ehemalige Undichtigkeit

Die Austrocknung des stärker durchnässten Mauerwerkes erstreckt sich über einen längeren Zeitraum von mehreren Jahren, weil die Trocknung fast ausschließlich nach innen erfolgen kann. Insofern kann auch noch nach längerer Zeit an den Innenseiten der Außenwände Feuchtigkeit auftreten.

Trocknung

Der Feuchteschaden in der Heizkörpernische und am Fenster kann auf eingedrungene Feuchte im Bereich der Laibung des darüberliegenden Fensteranschlusses zurückgeführt werden. In diesem Bereich war der Spalt zwischen Rahmen und Mauerwerk nicht abgedichtet, sondern lediglich mit Zeitungspapier ausgestopft. Dies stellt zum einen keinen winddichten Anschluss dar, so dass von innen feucht-warme Raumluft an das Zeitungspapier gelangen kann. Die Luft kühlt hier aus, so dass sich Kondensat bildet. Zum Weiteren kann von außen Wasser, das an der Fassade abläuft, eindringen und ebenfalls zu einer Durchnässung führen.

Zur Sanierung kann im Hinblick auf die Feuchteschäden im oberen Eckbereich nur eine weitere Trocknung der Außenbauteile abgewartet werden. Zusätzlich sollte ein Raumluftentfeuchter zur Unterstützung der Trocknung aufgestellt werden.

Sanierung

Die Feuchteschäden in der Heizkörpernische und am Fenster können beseitigt werden, indem der Spalt zwischen Rahmen und Laibung fachgerecht ausgeschäumt und außen- sowie innenseitig abgedichtet wird. In der Heizkörpernische kann nötigenfalls eine Innendämmung angebracht werden. Diese muss mit einer Dampfsperre versehen werden. Diese Maßnahme sollte allerdings nur im Notfall vorgenommen werden, wenn trotz korrektem Anschluss des Fensters weiterhin im Bereich der Laibung der Heizkörpernische Feuchteschäden auftreten sollten.

Die Mieter einer im Dachgeschoss gelegenen Wohnung kürzten die Miete. Sie führten an, dass sich der Raum neben der Empore im Spitzboden nicht bewohnen lasse, weil bei Regen Wasser eindringe und die gesamte Isolierung sich gelöst habe. Zudem hätten sich Mäuse im Abstellraum auf dem Balkon eingenistet, die auch in den Raum neben der Empore eingedrungen seien. Zum Weiteren sei ein Dachflächenfenster undicht. Dieses sei zwar gewandelt worden, gleichwohl seien nach wie vor Undichtigkeiten vorhanden.

Örtliche Feststellungen

Bei einem Ortstermin wurde der Dachraum (= Raum neben der Empore) besichtigt. Dieser Raum war von der Wohnung durch eine mit einem Türschließer versehene FH-Tür getrennt. Die Tür war allerdings nicht wärmegedämmt.

Die Dachuntersicht im Raum neben der Empore war nicht korrekt verkleidet. Es waren lediglich weiße Tücher zur Verkleidung angebracht. Der Dachraum wird als Kinderzimmer genutzt.

Zwischen den Sparren war Mineralwolle als Dämmung eingebracht. Die Dämmung war alukaschiert. Eine dicht geschlossene, durchgehende Dampfsperre war unterhalb der Dämmung nicht vorhanden. Die Dämmung hing in Teilbereichen lose herunter.

Die Unterspannbahn war im Firstbereich heruntergerutscht. Die Unterspannbahn war in desolatem Zustand und zerbröselte beim Berühren. Eine Regen- und Winddichtigkeit war hier nicht mehr gegeben.

Im Dachraum befand sich ein Dachflächenfenster. Dieses sei laut Angabe in letzter Zeit gewandelt worden, weil das alte Fenster undicht gewesen sei. An den Stoffbahnen, die um das Fenster herum an der Dachuntersicht angetackert waren, waren Feuchtemarken sichtbar. Zum Zeitpunkt des Ortstermines waren akute Durchfeuchtungen allerdings nicht vorhanden. Einen Hinweis darauf, dass sich in der Dämmung des Dachraumes Mäuse eingenistet hatten, gab es zum Zeitpunkt des Ortstermines nicht. Mäusekot wurde in der Dämmung nicht angetroffen. Lediglich in einem vom Balkon aus zugänglichen Abstellraum wurden Mäuseexkremente gefunden. In diesem Abstellraum werden Lebensmittel gelagert.

Dämmung im Dachraum

Die Dämmung im Dachraum war unterseitig mit einer Alukaschierung versehen. Eine derartige Kaschierung wirkt in der Fläche als Dampfsperre. An den Übergängen zu den Dachsparren und insbesondere auch am Dachflächenfenster besteht kein dampfdichter Übergang. Hier kann feucht- warme Raumluft in die Dämmung gelangen. Dort kühlt die Luft ab. Bei Unterschreiten der Tautemperatur bildet sich Kondensat, wodurch die Dämmung durchfeuchtet wird und daher ihre Dämmwirkung verliert.

Zum Weiteren war die Dämmung auch von oben nicht mehr ausreichend gegen Durchfeuchtung geschützt: Am First war die Unterspannbahn, die vom Wind untergetriebenen Regen in die Regenrinne ableitet, abgerutscht. Hier kann bei Treibregen Wasser eindringen und die Dämmung ebenfalls durchnässen. Die Unterspannbahn war zudem altersbedingt mürbe, so dass sie Fehlstellen aufwies. Auch an diesen Fehlstellen kann ablaufendes Niederschlagswasser in die Dämmung eindringen.

Zum Zeitpunkt des Ortstermines gab es keinen Hinweis darauf, dass sich Mäuse in der Dämmung eingenistet hatten. Anzeichen von Mäusen in Form von Mäusekot gab es lediglich in einem über den Balkon erreichbaren Abstellraum, in dem Lebenmittel gelagert wurden. Dieser Abstellraum hatte keine erkennbare Verbindung zum Dachraum neben der Empore.

Das Fenster im Dachzimmer neben der Empore war laut Angabe neu eingesetzt. Da unterseitig der Dämmung jedoch keine durchgehende Dampfsperre vorhanden war, besteht auch kein dampfdichter Anschluss am Dachfenster. Hier kann feucht-warme Raumluft in die Mineralwolle-Dämmung gelangen und diese infolge Kondensatbildung durchfeuchten.

Das Anbringen einer zusätzlichen Wärmedämmung sollte nicht planlos erfolgen, weil hierdurch ein Misserfolg meist vorprogrammiert ist.

Ein Mehrfamilienwohnhaus war mit einer Riemchen-Fassade versehen. Zur Rückseite des Gebäudes befinden sich auskragende Balkone.
Die Fassaden des Hauses sollen saniert werden, indem wärmedämmende Maßnahmen ergriffen werden. Hierzu stehen ein Wärmedämmverbundsystem mit Dämmung und Putz sowie eine Verkleidung durch Eternit zur Auswahl.
Des Weiteren ist kritisch zu beurteilen, dass einzelne Riemchen der Fassadenflächen lose liegen.

Beispiel: Untergrund für Wärmedämmung

Anläßlich eines Ortstermines wurde festgestellt, dass es an den mit Riemchen verklinkerten Fassadenflächen stellenweise stärkere Ablaufmarken, insbesondere an den Enden der Außenfensterbänke, gab. In diesen Bereichen war der mineralische Fugmörtel zwischen den Riemchen durch Auswaschungen geschädigt.

Stellenweise lagen die Riemchen hohl, hatten sich also vom Untergrund abgelöst.

Die Brüstungen der auf der Rückseite des Gebäudes auskragenden Balkone waren allseitig geschlossen und ebenfalls mit Riemchen verklinkert. Hier war der Fugmörtel stellenweise stark ausgewaschen.

Die Balkonplatten kragten offenbar ungedämmt aus.

Auch die Außenfensterbänke bestanden aus ungedämmten Betonelementen, oberseitig mit einer Blechabdeckung versehen.

Sanierung Die in Teilbereichen hohlliegenden Riemchen müssen abgeschlagen werden, weil sie keinen Verbund zum Untergrund mehr haben.

Anschließend kann ein Wärmedämmverbundsystem auf den noch vorhandenen Riemchen aufgebracht werden, bestehend aus Wärmedämmplatten, die im Massivbauteil verdübelt werden, und einem armierten Putz.

Mit Wärmedämmplatten von 8 cm Stärke der Wärmeleitfähigkeitsgruppe 040 (= Wärmeleitzahl 0,040 W/mK) wird ein Dämmwert von 2 m²K/W erreicht. Damit wird der mindest erforderliche Wärmedurchlaßwiderstand (= Dämmwert) nach DIN 4108 von 0,55 m²K/W sicher eingehalten.

An den Anschlüssen zu den Fenstern an Laibungen und Stürzen wird eine Putzschiene eingearbeitet. Diese Anschlüsse werden mit einem Wärmedämmputz ausgebildet, so dass auch in diesen Anschlussbereichen eine zumindest geringe Wärmedämmung erzielt wird.

Die Fensterbänke müssen vertieft werden, um die zusätzliche Aufbauhöhe des Wärmedämmverbundsystems zu überdecken. Dabei können die auskragenden Fensterbänke in die Wärmedämmung einbezogen werden.

Mit einer Verkleidung, z.B. durch Eternitplatten, kann ebenfalls eine Wärmedämmung aufgebracht werden. Allerdings ist mit einer solchen Verkleidung die Ausbildung der Anschlüsse an den Fenstern schwierig, weil hier der Anschluss zu einem wärmedämmenden Laibungsputz optisch nicht befriedigend zu lösen ist.

Die Balkonkragplatten müssen in die Wärmedämmung der Fassaden einbezogen werden, weil ansonsten hier Kältebrücken entstehen werden. Hierzu muss die Balkonplatte sowohl ober- als auch unterseitig gedämmt werden. Oberseitig kann z.B. eine Foamglasdämmung als trittfeste und feuchtebeständige Dämmung unter dem Plattenbelag aufgebracht werden. Hierbei ist die vorhandene Anschlusshöhe an den Balkontürelementen zu beachten. Die Untersichten sowie die Stirnseiten können mit einem Wärmedämmputz in gleicher Weise wie die Fensterlaibungen und -stürze ausgeführt werden.

auskragende Balkonplatten

Die Balkonbrüstungen sollten komplett abgebrochen werden. Dadurch lässt sich die Entwässerung der dann offenen Flächen sicherstellen, weshalb die Anschlusshöhen der Abdichtung an den Balkontürelementen vermindert werden können. Anstelle der Brüstungen kann ein Geländer angebracht werden, das an der Untersicht der Balkonplatten befestigt wird, um die Abdichtung nicht zu perforieren.

4 Beurteilungs- und Planungshinweise

4.1 Beurteilung vorhandener Schäden

Die Art und der Umfang von Feuchte- und Schimmelschäden sowie die Stellen, an denen sie auftreten, geben Hinweise auf ihre Ursache(n).

Beim Aufspüren von Feuchte- und/oder Schimmelschäden sollte nicht allein dem Auge vertraut werden. Bauteile können trocken erscheinen, weil die Verdunstungsfront nicht an der Oberfläche liegt. Durch Messung der Feuchtigkeit oder Entnahme von Proben kann das Ausmaß der tatsächlichen Feuchteschäden festgestellt werden. An den entnommenen Proben kann auch ein vorhandener, aber noch nicht offensichtlicher Schimmelbefall ermittelt werden.

Beurteilung nach der Lage

- **Außenwände**

- Normale Außenwand

Schadensbild:
Feuchte-/Schimmelschäden sind an allen Außenwänden vorhanden.
Alle Außenwände sind mehr oder weniger stark betroffen.

Schlussfolgerung:
Es muss sich um einen grundsätzlichen konstruktiven oder materialtechnischen Mangel oder Schaden handeln.

Vorgehensweise:
– planmäßigen Aufbau der Außenwände im Querschnitt und hinsichtlich der Anschlüsse und Übergänge prüfen

- Außenwand erdberührt

Schadensbild:
Feuchte-/Schimmelschäden sind an erdberührten Außenwänden vorhanden.

Schlussfolgerung:
Die Außenabdichtung ist nicht nach der Beanspruchung ausgelegt.
Die Außenabdichtung ist durch fehlerhafte Verarbeitung unzureichend oder beschädigt.
Die Außenabdichtung hat infolge Alterung versagt.

Die Beanspruchung der Außenabdichtung hat sich erhöht, indem die Dränage verstopft ist, oder eine Entwässerungsleitung leckt, oder lehmiger Boden angeschüttet wurde.

Vorgehensweise:
- zunächst planmäßige Abdichtung der Außenwände und Aufbau im Querschnitt prüfen, mit Angaben aus Baugrundgutachten (Bodenverhältnisse, Grundwasserstand) vergleichen, Veränderungen des Grundwasserstandes berücksichtigen
- Abdichtung stichprobenartig durch Abgrabung prüfen

• Außenwände an Außenluft

Schadensbild:
Feuchte-/Schimmelschäden sind an Außenwänden an Außenluft vorhanden.

Schlussfolgerung:
Die Wärmedämmung der Außenwände ist nicht ausreichend dimensioniert (siehe auch bauphysikalische Gegebenheiten). Der Kondensatschutz der Außenwände ist nicht gegeben, weil z.B. eine Dampfsperre fehlt (siehe auch bauphysikalische Gegebenheiten).
Die Nutzung hat sich geändert, indem z.B. die Raumtemperatur gesenkt oder die Lüftung vermindert wurde (siehe auch nutzungsbedingte Gegebenheiten).
Die Bausubstanz wurde verändert, indem z.B. andere Bauteile als die Außenwände mit einer verbesserten Dämmung ausgestattet wurden.

Vorgehensweise:
- Wärme- und Kondensatschutz der Außenwände anhand der Planung prüfen, Veränderungen des Wärme- und Kondensatschutzes durch Sanierungen oder Umbauten berücksichtigen
- Nutzungsänderungen erfragen (Vorsicht: Hier können auch falsche Angaben gemacht werden!)

• Verkleidete oder beschichtete Außenwände

Schadensbild:
Feuchte-/Schimmelschäden sind an verkleideten oder beschichteten Außenwänden vorhanden.

Schlussfolgerung:
Die Verkleidung/Beschichtung der Außenwände entspricht nicht der Beanspruchung durch die Witterung, z.B. wasserabweisender Außenputz.

Die Verkleidung/Beschichtung weist einzelne Fehlstellen auf (siehe auch Form und Ausmaß).

Vorgehensweise:
- Verkleidung/Beschichtung hinsichtlich der Wasseraufnahme prüfen
- Fehlstellen gezielt suchen

• Installationsleitungen an Außenwänden

Schadensbild:
Feuchte-/Schimmelschäden sind an solchen Außenwänden vorhanden, wo Installationsleitungen verlaufen.

Schlussfolgerung:
Durch Leckagen an Installationsleitungen, z.B. Fallrohren der Dachentwässerung kann die Feuchtebeanspruchung erhöht werden. Hierbei treten die Feuchte-/Schimmelschäden ausschließlich im Bereich dieser Leitungen auf.

Vorgehensweise:
- Leitungen hinsichtlich Leckagen prüfen

• Außenwand auf Bodenplatte

Schadensbild:
Feuchte-/Schimmelschäden sind im unteren Bereich von Außenwänden, am Berührungspunkt zwischen Wand und Bodenplatte, vorhanden.

Schlussfolgerung:
Bei einer durchfeuchteten Bodenplatte können Außenwände kapillar Wasser hieraus aufnehmen. Dieses steigt in den Wänden auf (siehe auch Form und Ausmaß).

Vorgehensweise:
- Bodenplatte hinsichtlich Feuchte prüfen, Horizontalsperre prüfen

• **Innenwände**

• Normale Innenwand

Schadensbild:
Feuchte-/Schimmelschäden sind an Innenwänden vorhanden.

Schlussfolgerung:
Von außen eindringende Feuchtigkeit scheidet als Ursache aus. Die Wärmedämmung der Innenwände ist nicht ausreichend dimensioniert (siehe auch bauphysikalische Gegebenheiten). Der Kondensatschutz der Innenwände ist nicht gegeben, weil

z.B. eine Dampfsperre fehlt (siehe auch bauphysikalische Gegebenheiten).

Die Nutzung hat sich geändert, indem beispielsweise die Raumtemperatur gesenkt oder die Lüftung vermindert wurde (siehe auch nutzungsbedingte Gegebenheiten).

Diese Ursachen können nur in Frage kommen, wenn die Innenwand Räume mit stark unterschiedlichen Raumtemperaturen trennt (z.B. Kühlraum der Küche).

Vorgehensweise:
– Wärme- und Kondensatschutz der Innenwände anhand der Planung prüfen, Veränderungen des Wärme- und Kondensatschutzes durch Sanierungen oder Umbauten berücksichtigen
– Nutzungsänderungen erfragen (Vorsicht: Hier können auch falsche Angaben gemacht werden!), Besonderheiten der Nutzung berücksichtigen (z.B. Großküche, Sauna)

• Installationsleitungen in den Innenwänden

Schadensbild:
Feuchte-/Schimmelschäden sind an solchen Innenwänden vorhanden, an denen Installationsleitungen verlaufen.

Schlussfolgerung:
Durch Leckagen an Installationsleitungen, z.B. Fallrohren der Dachentwässerung, die in den Innenwänden geführt werden, kann Wasser in die Wände eindringen. Hierbei treten die Feuchte-/Schimmelschäden ausschließlich im Bereich dieser Leitungen auf.

Vorgehensweise:
– Leitungen hinsichtlich Leckagen prüfen

• Innenwand auf Bodenplatte

Schadensbild:
Feuchte-/Schimmelschäden sind im unteren Bereich von Innenwänden im Bereich der Kontaktfläche von Wand und Bodenfläche vorhanden.

Schlussfolgerung:
Bei einer durchfeuchteten Bodenplatte können Innenwände kapillar Wasser hieraus aufnehmen. Dieses steigt in den Wänden auf (siehe auch Form und Ausmaß).

Vorgehensweise:
– Bodenplatte hinsichtlich Feuchte prüfen, Horizontalsperre prüfen

• Boden

• Installationsleitungen im Boden

Schadensbild:

Feuchte-/Schimmelschäden sind am Geschossboden vorhanden, auf dem Installationsleitungen verlaufen.

Schlussfolgerung:

Durch Leckagen an Installationsleitungen, z.B. Abwasserrohren, kann Wasser in den Bodenaufbau eindringen. Hierbei treten die Feuchte-/Schimmelschäden ausschließlich im Bereich dieser Leitungen auf. Auch durch kleinere Leckagen der Fußbodenheizung sind Durchfeuchtungen des Bodens gegeben.

Vorgehensweise:

–Leitungen hinsichtlich Leckagen prüfen

• Geschossboden an Außenluft

Schadensbild:

Feuchte-/Schimmelschäden sind am Geschossboden vorhanden, der an Außenluft grenzt.

Schlussfolgerung:

Die Wärmedämmung des Bodens ist nicht ausreichend dimensioniert (siehe auch bauphysikalische Gegebenheiten).

Der Kondensatschutz des Geschossbodens ist nicht gegeben, weil z.B. eine Dampfsperre fehlt (siehe auch bauphysikalische Gegebenheiten).

Die Nutzung hat sich geändert, indem z.B. die Raumtemperatur gesenkt oder die Lüftung vermindert wurde (siehe auch nutzungsbedingte Gegebenheiten).

Die Bausubstanz wurde verändert, indem z.B. andere Bauteile als die Außenwände mit einer verbesserten Dämmung ausgestattet wurden.

Vorgehensweise:

– Wärme- und Kondensatschutz des Bodens anhand der Planung prüfen, Veränderungen des Wärme- und Kondensatschutzes durch Sanierungen oder Umbauten berücksichtigen
– Nutzungsänderungen erfragen (Vorsicht: Hier können auch falsche Angaben gemacht werden!)

• Geschossboden im Gebäudeinneren

Schadensbild:

Feuchte-/Schimmelschäden sind am Geschossboden vorhanden.

Schlussfolgerung:
Die Wärmedämmung des Bodens ist nicht ausreichend dimensioniert (siehe auch bauphysikalische Gegebenheiten).
Der Kondensatschutz des Bodens ist nicht gegeben, weil z.B. eine Dampfsperre fehlt (siehe auch bauphysikalische Gegebenheiten).
Die Nutzung hat sich geändert, indem z.B. die Raumtemperatur gesenkt oder die Lüftung vermindert wurde (siehe auch nutzungsbedingte Gegebenheiten).

Vorgehensweise:
Diese Ursachen können nur in Frage kommen, wenn der Geschossboden Räume mit stark unterschiedlichen Raumtemperaturen trennt (z.B. Kühlraum von Küche)
Wärme- und Kondensatschutz des Bodens anhand der Planung prüfen, Veränderungen des Wärme- und Kondensatschutzes durch Sanierungen oder Umbauten berücksichtigen
– Nutzungsänderungen erfragen (Vorsicht: Hier können auch falsche Angaben gemacht werden!), Besonderheiten der Nutzung berücksichtigen (z.B. Großküche, Sauna)

• Bodenplatte/Kellerboden

Schadensbild:
Feuchte-/Schimmelschäden sind an der Bodenplatte/am Kellerboden vorhanden.

Schlussfolgerung:
Die Außenabdichtung ist nicht nach der Beanspruchung ausgelegt.
Die Außenabdichtung ist durch fehlerhafte Verarbeitung unzureichend oder beschädigt.
Die Außenabdichtung hat infolge Alterung versagt.
Die Beanspruchung der Außenabdichtung hat sich erhöht, indem die Dränage verstopft ist, oder eine Entwässerungsleitung leckt, oder lehmiger Boden angeschüttet wurde.

Vorgehensweise:
– zunächst planmäßige Abdichtung des Bodens und Aufbau im Querschnitt prüfen, mit Angaben aus Baugrundgutachten (Bodenverhältnisse, Grundwasserstand) vergleichen, Veränderungen des Grundwasserstandes berücksichtigen
– Abdichtung stichprobenartig durch Probebohrungen prüfen (Vorsicht: Hierdurch wird die Abdichtung mit Sicherheit beschädigt! Eine nachträgliche Abdichtung dieser Prüfstellen ist schwierig.)

• Deckenuntersicht

Schadensbild:

Feuchte-/Schimmelschäden sind an der Deckenuntersicht vorhanden.

Schlussfolgerung:

Die Bodenabdichtung des darüberliegenden Raumes ist nicht nach der Beanspruchung ausgelegt.

Die Bodenabdichtung des darüberliegenden Raumes ist durch fehlerhafte Verarbeitung unzureichend oder beschädigt.

Die Bodenabdichtung des darüberliegenden Raumes hat infolge Alterung versagt.

Die Beanspruchung der Bodenabdichtung hat sich erhöht, indem z.B. ein Einlauf verstopft ist, oder die Wasserbelastung erhöht wurde (z.B. Nassreinigung statt feucht wischen).

Vorgehensweise:

– zunächst planmäßige Abdichtung des Bodens und Aufbau im Querschnitt prüfen, mit Beanspruchung vergleichen, Veränderungen der Beanspruchung berücksichtigen

• Dachuntersicht

Schadensbild:

Feuchte-/Schimmelschäden sind an der Untersicht des Daches vorhanden.

Schlussfolgerung:

Die Wärmedämmung des Daches ist nicht ausreichend dimensioniert (siehe auch bauphysikalische Gegebenheiten).

Der Kondensatschutz des Daches ist nicht gegeben, weil z.B. eine Dampfsperre fehlt (siehe auch bauphysikalische Gegebenheiten).

Die Nutzung hat sich geändert, indem z.B. die Raumtemperatur gesenkt oder die Lüftung vermindert wurde (siehe auch nutzungsbedingte Gegebenheiten).

Die Dachabdichtung oder Dachdeckung kann Leckagen aufweisen (siehe auch Form und Ausmaß).

Vorgehensweise:

– Wärme- und Kondensatschutz des Daches anhand der Planung prüfen, Veränderungen des Wärme- und Kondensatschutzes durch Sanierungen oder Umbauten berücksichtigen
– Nutzungsänderungen erfragen (Vorsicht: Hier können auch falsche Angaben gemacht werden!)
– Abdichtung des Daches anhand der Planung prüfen
– Leckagen gezielt suchen

• Beurteilung nach Form und Ausmaß

• Ausgedehnte Schäden
Schadensbild:
Feuchte-/Schimmelschäden sind flächig ausgedehnt über die gesamte betroffene Fläche.
Schlussfolgerung:
Es kann sich nicht um einzelne kleinere Leckagen handeln, es sei denn, die Feuchteschäden bestehen seit sehr langer Zeit. Wahrscheinlicher ist ein Eindringen von Wasser über die gesamte Fläche, infolge unzureichenden Feuchteschutzes.
Vorgehensweise:
- durch Messung der Oberflächenfeuchte ein genaues Feuchteprofil ermitteln (siehe auch aufsteigende Feuchte), vergleichen, was außen angrenzt
- Proben über den Querschnitt verteilt entnehmen und den Feuchtegehalt bestimmen, hieraus ergibt sich, ob das Bauteil nach außen stärker feucht ist

• Ablaufmarken
Schadensbild:
Feuchte-/Schimmelschäden sind als Ablaufmarken vorhanden.
Schlussfolgerung:
Ablaufmarken sind ein deutliches Anzeichen von lokalen Undichtigkeiten oder Leckagen an Rohrleitungen. Von der Fehlstelle aus dringt das Wasser nach innen vor.
Vorgehensweise:
- Fehlstellen gezielt suchen
- Leitungen prüfen

• Einzelne Flecken
Schadensbild:
Feuchte-/Schimmelschäden sind nur als diskrete Flecken vorhanden.
Schlussfolgerung:
Von außen dringt an kleineren Fehlstellen Wasser ein.
Vorgehensweise:
- Fehlstelle gezielt suchen durch Prüföffnung

• Aufsteigende Feuchte
Schadensbild:
Feuchte-/Schimmelschäden sind am Anschluss Boden/Wand vorhanden.

Schlussfolgerung:

Von unten steigt Feuchtigkeit auf.

Der untere Anschluss kann eine Kältebrücke darstellen.

Vorgehensweise:

- durch Messung der Oberflächenfeuchte ein genaues Feuchteprofil ermitteln
- Proben über den Querschnitt des Bodens und der Wand verteilt entnehmen und den Feuchtegehalt bestimmen, hieraus ergibt sich, ob das Bauteil nach außen oder im Kern stärker feucht ist
- auskragende Balkonplatte/Deckenplatte?
- Außenecke/Außenkante?

• Ablaufende Feuchte

Schadensbild:

Feuchte-/Schimmelschäden sind am Anschluss Decke/Wand vorhanden.

Schlussfolgerung:

Von oben dringt Feuchtigkeit ein.

Der obere Anschluss kann eine Kältebrücke darstellen.

Vorgehensweise:

- durch Messung der Oberflächenfeuchte ein genaues Feuchteprofil ermitteln
- Proben über den Querschnitt der Decke und der Wand verteilt entnehmen und den Feuchtegehalt bestimmen, hieraus ergibt sich, ob das Bauteil nach außen stärker feucht ist
- auskragende Balkonplatte/Deckenplatte?
- Außenecke/Außenkante?

• Bauphysikalische Gegebenheiten

Schadensbild:

Der Feuchtegehalt innerhalb des Bauteils ist auf der Innenseite höher als im Kern oder außen.

Schlussfolgerung:

Feuchte-/Schimmelschäden sind auf Kondensatbildung zurückzuführen.

Vorgehensweise:

- Ausbau im Querschnitt anhand der Planungsunterlagen prüfen, ob ein grundsätzlicher Konstruktionsfehler vorliegt
- die Oberflächentemperatur muss üblicherweise über der Tautemperatur der Raumluft liegen
- Prüföffnung, um festzustellen, ob das Bauteil tatsächlich nach den Planvorgaben erstellt wurde

- **Nutzungsbedingte Gegebenheiten**

- Klimaanlage

Schadensbild:
Der Feuchtegehalt im Raum wird von einer Klimaanlage geregelt.

Schlussfolgerung:
Die Klimaanlage ist nicht korrekt eingestellt oder arbeitet fehlerhaft.

Vorgehensweise:
– Klimaprotokolle prüfen
– auf welche Werte ist die Klimaanlage eingestellt?

- Entlüftung

Schadensbild:
Der Feuchtegehalt im Raum ist hoch trotz vorhandener Entlüftung.

Schlussfolgerung:
Die Entlüfungsöffnungen sind verstopft oder nicht korrekt erstellt.

Vorgehensweise:
– Entlüftungsöffnungen prüfen hinsichtlich Verstopfung, oder ob der Durchbruch überhaupt geöffnet wurde

- Raumnutzung

Schadensbild:
Feuchteschäden sind nach Änderung der Raumnutzung aufgetreten.

Schlussfolgerung:
Durch die Änderung der Raumnutzung ergibt sich eine wesentlich höhere relative Luftfeuchte (z.B. ehemaliger Lagerraum wird zur Großküche umgenutzt ohne Veränderung der Lüftung)

Vorgehensweise:
bauphysikalische Gegebenheiten unter Berücksichtung der neuen Fakten prüfen

4.2 Hinweise zur korrekten Planung

Feuchte- und Schimmelschäden können durch eine korrekte Planung nicht immer verhindert werden. Fehler bei der Ausführung, aber auch Nutzungsfehler führen gleichermaßen zu den Schäden. Ist jedoch die Planung bereits fehlerhaft, hilft auch die beste Ausführung und die sorgfältigste Nutzung nichts.

Bei der Planung muss berücksichtigt werden, dass in der Ausführung Toleranzen bestehen, die sich negativ addieren können. Ferner ist zu beachten, dass Fehler bei der Nutzung auftreten können. Daher sollte die Beanspruchung der einzelnen Bauteile eher höher als zu niedrig angesetzt und auch Spitzenbelastungen in die Planung einbezogen werden.

Wände

- Feuchteschutz

Spitzenwerte, z.B. beim Grundwasserstand, mögliches Hochwasser berücksichtigen
- Fliesenbeläge in Badezimmern, Küchen, Schwimmbädern etc. stellen keine Abdichtung dar

- Wärmeschutz
- eventuell niedrigere Beheizung z.B. im Schlafzimmer berücksichtigen
- nicht nur den Regelquerschnitt, sondern auch ungünstige Ecken beachten

- Kondensatschutz
- höhere Dampflast, z.B. in Küchen oder Schwimmbädern berücksichtigen
- Dampfbilanz auch bei ungünstigen Verhältnissen, z.B. Wäschetrocknen im Bad, beachten

- Regenschutz
- übermäßige Beanspruchung durch unkontrolliert ablaufendes Wasser vermeiden durch sorgfältige Planung der Wasserführung

- Horizontalsperre
- bei möglicher Leckage bietet eine Horizontalsperre zusätzliche Sicherheit

Boden und Decken

• Feuchteschutz
- Beanspruchung in Badezimmern, Küchen, Schwimmbädern
  etc. eher höher ansetzen, z.B. bei feuchtem Wischen auf dem
  Boden stehendes Putzwasser bedenken
der Fliesenbelag stellt keine Abdichtung dar
- Anschlüsse und Randausbildungen gesondert beachten, nach
  Möglichkeit aus der Wasserebene heben

• Wärmeschutz
- eventuell niedrigere Beheizung z.B. im Schlafzimmer berücksichtigen
- nicht nur den Regelquerschnitt, sondern auch ungünstige
  Ecken beachten

• Kondensatschutz
- höhere Dampflast, z.B. in Küchen oder Schwimmbädern
  berücksichtigen
- Dampfbilanz auch bei ungünstigen Verhältnissen, z.B. Wäschetrocknen im Bad, beachten

5 Schimmel in der Rechtsprechung

5.1 Schimmel und Mietrecht

Rechte und Pflichten des Mieters

Anspruch auf vertragsgemäße Überlassung der Mietsache

Durch den Mietvertrag wird der Vermieter verpflichtet, dem Mieter den Gebrauch der Wohnung während der Mietzeit zu gewähren (§ 535 BGB). Bei der Überlassung der Wohnung muss sie sich in einem für den vertragsgemäßen Gebrauch geeigneten Zustand befinden (§ 536 S.1) Aber nicht nur das: Der Vermieter muss die Sache während der Mietzeit auch in diesem Zustande erhalten! (§ 536 S.2)

Ist die Schimmelbildung von solcher Art, dass die Räumlichkeiten nicht benutzt werden können, so befinden sie sich nicht in einem vertragsgemäßen Zustand. Der Vermieter erfüllt seine Hauptleistungspflicht nicht.

Mangelhaftigkeit

Ist die Wohnung zum Zeitpunkt der Vermietung dadurch in ihrer Tauglichkeit zum vertragsgemäßen Gebrauch aufgehoben oder gemindert, ist die Sache mangelhaft. Das gleiche gilt auch, wenn der Mangel erst zu einem späteren Zeitpunkt entsteht.

Der Mieter hat einen Anspruch darauf, dass der Vermieter die Wohnung in den Zustand versetzt, der nach dem Mietvertrag geschuldet war, wobei natürlich vorausgesetzt werden muss, dass es sich nicht um Mängel handelt, die der Mieter selbst herbeigeführt hat (hierzu unten).

Kosten für den Vermieter

Dabei können erhebliche Kosten auf den Vermieter zu kommen. Dies gilt insbesondere dann, wenn es sich um Baumängel, bzw. Planungsmängel handelt, wie z.B. undichte Rohre, Rissbildungen in der Außenwand oder unzureichender Wärmedurchlasswiderstand, oder Wärmebrückenbildung, etwa, wenn einer kleinen warmen Innenwand ungeschützt eine große kalte Außenwandseite gegenüber tritt, die beschleunigt die Wärme dem Mauerwerk entzieht und zu einem Absacken der Temperaturen unter den Tauwasserpunkt führt. Aber auch die fehlende Belüftbarkeit oder Beheizbarkeit von Räumen, die zu Schimmelbildung durch Kondensat führt, stellt einen solchen Mangel dar, der mit erheblichem Aufwand beseitigt werden muss.

Vetragsgemäßer Zustand

Der Vermieter muss bis zur Grenze der Zumutbarkeit alles unternehmen, um die Mieträume in einen vertragsmäßen

Zustand zu versetzen. Das bedeutet, dass er im Ernstfall umfangreiche Baumaßnahmen vornehmen muss, um den Mieträumen die Feuchtigkeit zu entziehen.

Wann diese Zumutbarkeitsgrenze erreicht ist, hängt u.a. auch davon ab, wie alt das Gebäude ist. Handelt es sich um einen Neubau, so rechtfertigt die zu erwartende noch lange bevorstehende Ertragszeit die Kosten. (LG Lübeck v. 20.11.81, Miewo-E, § 537 BGB Nr. 1). Die Sachlage wird anders zu beurteilen sein, wenn das Bauwerk seine besten Tage weit hinter sich gelassen hat und demnächst zum Abbruch ansteht.

Für die Einhaltung zwingender öffentlich-rechtlicher Bauvorschriften ist der Wohnungseigentümer verantwortlich.

Übernahme der Instandhaltungspflicht durch den Mieter

Allerdings kann der Vermieter seine Pflichten auch ganz oder teilweise auf den Mieter übertragen. Hinsichtlich der sogenannten Schönheitsreparaturen geschieht dies beinahe immer. Danach ist der Mieter jedenfalls verpflichtet, diejenigen Arbeiten auf seine Kosten durchzuführen, die nicht der Wiederherstellung der Brauchbarkeit des Gebäudes dienen. Es wäre also durchaus möglich, dass der Mieter aufgrund dieser Klausel Feuchtigkeitsschäden selbst beseitigen muss. Es hängt von der Auslegung des Vertrages ab, wie weit dabei seine übernommene Pflicht geht, insbesondere, ob auch die Beseitigung von Baumängeln davon erfaßt werden.

Pflichtenübernahmen

Problematisch ist die Vereinbarung solcher Pflichtenübernahmen in allgemeinen Geschäftsbedingungen, insbesondere in Formularverträgen. Solche Formularverträge unterliegen dem Gesetz über allgemeine Geschäftsbedingungen (AGB-Gesetz). Klauseln, die den Vertragspartner, der mit diesen Geschäftsbedingungen konfrontiert wird, unbillig benachteiligen, wesentlich von der Gesetzlage abweichen oder ihn überraschen, sind danach unwirksam.

Bagatellreparaturen

Hier ist im einzelnen sehr vieles umstritten. Das Aufbürden von Bagatellreparaturen bis zu einem angemessen Höchstbetrag ist auch in Formularverträgen möglich (BGH NJW 1991, 1750). Das kann bedeuten, dass das regelmäßige Entfernen von schimmelbefallenen Tapeten, die Untergrundbehandlung, das Neutapezieren und das Streichen durchaus in den Bereich der Mieterpflichten fallen können. Das Auswechseln schadhafter Rohre, Mauerdurchbrüche für zusätzliche Fenster oder großflächige Isolierungen dürften hingegen den Rahmen sprengen.

Beweislast

Dass der Vermieter die Räumlichkeiten in vertragsgemäßem Zustand übergeben hat, muss er beweisen. Gelegentlich lässt sich dies der Vermieter in einer Klausel eines Formular-Mietvertrages bestätigen. Eine solche standardisierte Klausel ist jedoch nach dem AGB-Gesetz unwirksam. Besser ist es deshalb, wenn Mieter und Vermieter sich die leere Wohnung gemeinsam ansehen und danach ein Übernahmeprotokoll aufsetzen, in dem der Mieter die ordnungsgemäße Überlassung der Wohnung ausdrücklich und in Kenntnis des Zustandes bestätigt.

Feuchtigkeitsschäden während der Mietzeit
Treten während der Mietzeit Feuchtigkeitsschäden auf so muss der Mieter hingegen nachweisen, dass es sich um Mängel handelt und dass diese die Tauglichkeit der Wohnung zu dem vertragsgemäßen Gebrauch beeinträchtigen. Ihm obliegt die Beweislast dafür, dass Feuchtigkeitserscheinungen auf den baulichen Zustand und nicht auf fehlerhaftes Heiz- und Lüftungsverhalten zurückzuführen sind (AG Langenfeld v. 11.1.96, DWW 1996, 216)

Rücktritt vor Übernahme der Mieträume

Zeigen sich bereits vor Übernahme der Mieträume Mängel, kann der Mieter vom Vertrag zurücktreten oder Schadenersatz wegen Nichterfüllung verlangen (§§ 323–325 BGB).

Zurückbehaltung

Vor Übernahme der Mieträume, insbesondere aber auch danach, hat der Mieter die Möglichkeit von seinem Zurückbehaltungsrecht Gebrauch zu machen (§ 320 BGB). Solange sich die Räumlichkeiten nicht in dem vertragsgemäßen Zustand befinden, kann er einen angemessenen Teil der Miete einbehalten. Um den Vermieter stärker zur Einhaltung zu bewegen, erlaubt die Rechtsprechung einen sogenannten Druckzuschlag in Höhe des 3-fachen des Mängelwertes. Hat der Vermieter den Mangel behoben, muss der Mieter den einbehaltenen Betrag an den Vermieter auszahlen. Den Zinsverlust und sonstige Nachteile, die der Vermieter dadurch erlitten hat, muss der Mieter dem Vermieter nicht ausgleichen.

Minderung

Daneben und in der Praxis wichtiger steht das Recht des Mieters auf Minderung der Miete (§ 537 BGB). Für die Zeit, in der die Räume ganz oder teilweise mangelhaft sind, ist der Mieter von der Zahlung der Miete ganz oder teilweise befreit, wobei eine unerhebliche Einschränkung der Tauglichkeit der vermieteten Räume keine Rolle spielt.

Der Mieter muss sich nicht ausdrücklich auf die Minderung berufen; die Befreiung von seiner Zahlungspflicht tritt kraft Gesetzes ein. Im Interesse eines gütlichen Zusammenlebens ist jedoch dringend zu empfehlen, dass der Mieter den Vermieter erst einmal auf die Umstände hinweist, die ihn zur Minderung berechtigen. Sodann sollte er ihn auffordern, die Mängel zu beseitigen und ihm hierfür auch eine angemessene Frist einräumen. Erst wenn das nichts fruchtet, sollte der Mieter seine Mietzahlungen reduzieren.

Befreiung von seiner Zahlungspflicht

Die Höhe des Minderungsbetrages ist von Fall zu Fall unterschiedlich (OLG Celle, ZMR 1995, 204; LG Berlin GE 1996, 549). Dabei sind zu berücksichtigen:

- Art und Ausmaß der Mängel
- Geht es um bauliche Mängel oder nur um eine optische Beeinträchtigung durch den Schimmelfleck, wenn ja, ist er unübersehbar ?
- Umfang der Beeinträchtigung der Räumlichkeiten (ist die Wohnung insgesamt in Mitleidenschaft gezogen oder nur Teile davon, wenn ja, ist auch nur die beeinträchtigte Wohnfläche bei der Bewertung zu berücksichtigen)
- Sind die Räume von untergeordneter oder von wesentlicher Bedeutung für die gesamten Räumlichkeiten (der Schimmelfleck im Keller ist sicher anders zu bewerten als im Wohnzimmer)
- Wie ist der Wohnstandard, gemessen an der Miethöhe ?
- Wie lange dauert der Mangel an ?

Auszugehen ist dabei von der Netto-Miete, es sei denn, dass mit dem Mieter eine Brutto-Miete vereinbart war.

Mietminderungstabellen Die Festlegung der richtigen Minderung stößt immer wieder auf Schwierigkeiten. Auch wenn man die oben genannten objektiven Kriterien heranziehen kann, bleibt ein stark subjektives Empfinden, ob und in welchem Maße die Kriterien einschlägig sind. Maßgebend ist immer der Einzelfall, weshalb es feste Regeln hierzu nicht geben kann. Allerdings behilft sich die Rechtsprechung mit Mietminderungstabellen, die einen Anhaltspunkt für die Bewertung typischer Mängel gibt, zu denen auch die Feuchtigkeitsschäden zählen. (Deutscher Mieterbund Köln, Mieterlexikon, Stichwort „Minderung"; Isenmann, DWW 1995, 361)

Hat der Mieter für sich eine Minderung ermittelt, die er für angemessen hält, bleibt für ihn die Unsicherheit, ob er diese nicht zu hoch angesetzt hat. Irgendwann erreicht die Minderung den Betrag von zwei Monatsmieten, also diejenige Grenze, die den Vermieter nach der gesetzlichen Regelung zur Kündigung des Mietverhältnisses berechtigt. Die Rechtsprechung ist in diesem Punkt eher mieterfreundlich. Nur wenn der letztlich berechtigte Minderungssatz um mehr als 100 % überzogen wurde, berechtigt dies den Vermieter zur Kündigung (OLG Hamm, NJW-RR 1993, 1181). Dann allerdings ist der Mieter wegen Verstoßes gegen das allgemeine Gebot von Treu und Glauben nicht mehr schützenswert.

Einbehaltung von *Mietzahlungen* Vergleicht man die Minderungsbeträge mit denen des Zurückbehaltungsrechts, so erkennt man, dass die (nicht endgültige) Einbehaltung von Mietzahlungen deutlich höher liegen kann als die endgültige Minderung der Miete. Der Mieter muss sich bei der Wahl seines Vorgehens deshalb fragen, was zielführender ist. Er sollte dabei auch nicht außer Betracht lassen, dass auch der Vermieter legitime Interessen hat.

Ersatzvornahme

Kommt der Vermieter der Mängelbeseitigung nicht nach, kann der Mieter ihn in Verzug setzten. Dazu muss er dem Vermieter den Mangel nicht nur anzeigen, wozu er ohnehin verpflichtet ist (§ 545) sondern er muss ihn nochmals zur Mängelbeseitigung mahnen. Eine besondere Fristsetzung ist hierzu nicht erforderlich (§ 284). Folgt der Vermieter dann immer noch nicht, hat der Mieter das Recht, die Mängel auf Kosten des Vermieters selbst zu beseitigen. Selbstverständlich sind dabei nur diejenigen Kosten zu erstatten, die nach fachmännischem Rat für die Mängelbeseitigung geeignet und notwendig sind. Beseitigt der Mieter die Mängel selbst, kann er auch Ersatz für seine Aufwendungen verlangen. Diese Aufwendungen kann er mit fälligen Mietforderungen des Vermieters aufrechnen.

Nach Mängelbeseitigung besteht kein Recht mehr, den Mietpreis zu mindern.

Schadenersatz

Befindet sich der Vermieter mit der Beseitigung in Verzug, oder war der Mangel bereits bei Abschluß des Vertrages vorhanden oder aufgrund eines Umstandes, den der Vermieter zu vertreten hat, später entstanden, hat der Mieter darüber hinaus auch das Recht, Schadenersatz wegen Nichterfüllung zu verlangen. Dieses Recht steht neben dem Recht auf Minderung. Erfaßt werden auch alle weiteren Schäden, die dem Mieter durch die Mängel entstanden sind. Hat der Schimmel also z.B. gesundheitliche Folgen für die Mieter, muss der Vermieter auch für die sich daraus ergebenden Folgen eintreten.

Mitverschulden

Einreden des Vermieters

Hat bei der Entstehung eines Schadens oder seiner Verschlimmerung der Mieter mitgewirkt, so kann der Vermieter sich auf Mitverschulden des Mieters berufen. (§ 254)

Der Mieter muss dem Vermieter Mängel an der gemieteten Wohnung anzeigen. Unterlässt dies der Mieter, ist er dem Vermieter zum Ersatz des daraus entstehenden Schadens verpflichtet. Außerdem verliert er seine Rechte. (§ 545)

Anzeigepflicht

Tauchen also Feuchtigkeitsschäden an den Wänden auf, muss der Mieter dies unverzüglich mitteilen, damit der Vermieter sofort Maßnahmen einleiten kann; anderenfalls muss der Mieter dafür aufkommen, dass der Schaden immer größer wird, obwohl dies hätte verhindert werden können.

Schadensminderungspflicht

Gleiches gilt, wenn der Mieter in der Lage wäre, den Schaden in Grenzen zu halten. Ihm zumutbare geeignete Maßnahmen zur Abwehr von Feuchtigkeitsschäden muss er ergreifen.
Heiz- und Belüftungspflicht
Der Mieter muss sich den bauphysikalischen Gegebenheiten anpassen. (Pauly, WuM 1997, 474) Räume müssen ausreichend belüftet und beheizt werden, damit sich keine Feuchtigkeit absetzen und Schimmel bilden kann. Dies ist eine allgemein bekannte Tatsache. Deshalb ist der Vermieter auch nicht verpflichtet, ausdrücklich darauf hinzuweisen. Insbesondere an den Mieter einer Neubauwohnung sind strenge Anforderungen zu stellen: Die bekanntermaßen vorhandene Neubau-Feuchtigkeit zwingt den Mieter zur vermehrten Lüftung (AG Steinfurt v. 14.3.96, WM 1996, 268)

Verschlechterung der Situation durch den Mieter

Hat der Mieter selbst durch eigene Umbauarbeiten dazu beigetragen, dass die Feuchtigkeit entstanden ist, hat er z.B. das Fenster in einem Nebenraum mit einem Schrank zugestellt und dadurch die Belüftung verhindert, oder hat er den Heizkörper abmontiert, so kann er selbstverständlich nicht erwarten, dass der Vermieter für die Folgen einzustehen hat. Hat dies lediglich einen bereits bestehenden Mangel verschärft, muss er sich jedenfalls anteilig an den Folgen und den Beseitigungkosten beteiligen. *Beseitigungkosten* Dies gilt insbesondere dann, wenn der Vermieter auf Verlangen des Mieters vor dessen Einzug Umbaumaßnahmen durchgeführt hat, die zu den Belüftungsproblemen geführt haben. Das Risiko der Beeinträchtigung trägt dann der Mieter (OLG München v. 19.4.96, ZMR 1996, 434)

Verzicht des Mieters auf *Mängelbeseitigung* Ein immer wieder auftretendes Problem kann darin liegen, dass der Mieter einen Feuchtigkeitsschaden monate- wenn nicht sogar jahrelang hingenommen hat und erst dann (vielleicht im Zusammenhang mit anderen Streitigkeiten zwischen den Parteien) die Mängel rügt.
War dem Mieter von Anfang an der Grad der Feuchtigkeit in vollem Umfang bekannt und hat er dem Vermieter zu erkennen gegeben, dass er diese Beeinträchtigungen hinnehmen und dennoch dort einziehen werde, kann er sich nicht später auf seine Rechte berufen. An die Annahme eines Verzichtes sind

jedoch stets hohe Anforderungen zu stellen. Die Parteien müssen sich über die Situation im Klaren gewesen sein und diese, wie sie sich darstellte, auch bewußt hingenommen haben. Zieht der Mieter in Kenntnis der Feuchtigkeit einfach ein, ohne das Thema zu problematisieren, bedeutet das noch nicht, dass er auf seine Rechte verzichtet hat.

Haben sich die Mängel im Laufe der Zeit erheblich verschärft, bedeutet dies eine Änderung der Situation; er kann seine Rechte mit dem Ziel geltend machen, den bisherigen Zustand herbeizuführen.

Verjährung

Hat der Mieter Verwendungen gemacht, um die Feuchtigkeit einzudämmen oder zu beseitigen, so kann er – wie oben beschrieben – diese Kosten gegen den Vermieter geltend machen. Diese Ansprüche verjähren jedoch gem. § 558 Abs.2 BGB innerhalb von sechs Monaten nach Beendigung des Mietverhältnisses.

Stellt sich heraus, dass die Feuchtigkeitsschäden ausschließlich auf das Fehlverhalten des Mieters zurückzuführen sind, kann der Vermieter seinerseits einen Schadenersatzanspruch wegen Verschlechterung der überlassenen Wohnräume geltend machen. Dieser Anspruch verjährt ebenfalls innerhalb von sechs Monaten gerechnet ab dem Zeitpunkt, an dem er die Räumlichkeiten zurückerhält (§ 558 Abs. 2 BGB).

5.2 Schimmel und das Baurecht

Sind die Schimmelflecken auf Baumängel zurückzuführen, kommen Ansprüche des Auftraggebers gegen den Auftragnehmer in Betracht. Die Vertragsbeziehungen richten sich nach Werkvertragsrecht, §§ 631 ff BGB, und zwar auch dann, wenn das Haus von einer Bauträgergesellschaft erstellt und dann verkauft wurde. Neben den gesetzlichen Regelungen sind weiter die zwischen den Parteien getroffenen individuellen Regelungen zu beachten, sowie die meist ebenfalls vereinbarten allgemeinen Geschäftsbedingungen.

Ergänzend zu den gesetzlichen Werkvertragsbestimmungen und diese teilweise ersetzend treten sehr häufig die Regelungen der Verdingungsordnung für Bauwesen Teil B (VOB/B).

Mängelbeseitigung vor Abnahme des Bauwerks

Der Auftraggeber kann von dem Auftragnehmer die Ablieferung einer mangelfreien Leistung erwarten. Zeigen sich bereits während der Ausführung der Leistung Mängel, so hat der Auftraggeber einen Anspruch darauf, dass der Auftragnehmer diese Mängel behebt.

Ist ein BGB-Werkvertrag abgeschlossen worden, so kann der Auftraggeber alternativ folgendermaßen vorgehen:

Mängelrüge Zunächst rügt er den Mangel und fordert ihn auf, den Mangel zu beseitigen. Fruchtet dies nichts, so setzt er den Auftragnehmer in Verzug, d.h. er mahnt ihn ab. Hat auch dies keinen Erfolg, so kann er den Mangel selbst beseitigen oder durch ein anderes Unternehmen beseitigen lassen. Die Kosten trägt der Auftragnehmer. Ggf. kann der Auftraggeber von dem Auftragnehmer einen Vorschuß verlangen. Zeigt sich der Auftragnehmer einsichtig, muss der Auftraggeber ihm jederzeit die Möglichkeit geben, die Mängel selbst zu beheben.

Die zweite Alternative führt dazu, dass dem Auftragnehmer teilweise der Auftrag entzogen wird:
Zunächst rügt der Auftraggeber den Mangel. Sodann setzt er dem Auftragnehmer eine Nachfrist verbunden mit der Androhung, dass er die Mängelbeseitigungsleistung des Auftragnehmers ablehnen wird, wenn der nicht innerhalb der angemessenen Frist den Mangel behebt. Führt dies zu nichts, wird er dem Auftragnehmer die Ablehnung der Leistung mitteilen und die Mängel selbst beheben oder beheben lassen. Die Kosten

Beseitigung bereits trägt der Auftragnehmer.
entdeckter Mängel Der Auftraggeber hat ein Recht, von dem Auftragnehmer die Beseitigung bereits entdeckter Mängel zu verlangen. Dies kann bis zur Neuherstellung führen. Nur dann, wenn eine Nachbesserung zu dem gleichen Ergebnis wie eine Neuherstellung führt und zudem billiger ist, muss sich der Auftraggeber damit zufriedengeben. Eine Neuherstellung kann auch dann nicht verlangt werden, wenn sie mit einem unverhältnismäßig hohen Aufwand verbunden ist.

Für den VOB/B-Vertrag besteht nur die zweite Alternative. Wichtig ist hier, dass dem Auftragnehmer der Auftrag definitiv entzogen wird, bevor mit der Mängelbeseitigung begonnen wird.

Die Nachbesserung kann gem. § 13 Nr. 6 VOB/B verweigert werden wenn

- die Beseitigung des Mangels unmöglich wäre
- die Beseitigung einen unverhältnismäßig hohen Aufwand erforderte
- die Beseitigung unzumutbar wäre (ausnahmsweise)

Die Verhältnismäßigkeit richtet sich nicht nach dem Verhältnis der Nachbesserungskosten zu dem ursprünglichen Herstellungsaufwand, sondern nach dem Wertverhältnis zwischen dem zur Beseitigung erforderlichen Aufwand und dem Vorteil, den die Mängelbeseitigung dem Auftraggeber gewährt.
Unzumutbarkeit ist dann nie gegeben, wenn ein eklatanter Verstoß gegen die anerkannten Regeln der Technik vorliegt.
Es muss bei der Bewertung, ob die Ablehnung der Mängelbeseitigung zumutbar ist, eine ausführliche Abwägung aller in Betracht kommender Umstände vorgenommen werden.

Gewährleistung Mangel und Abnahme

Nach der Abnahme leistet der Auftragnehmer für eine vereinbarte oder in Ermangelung einer Regelung für die gesetzlich vorgeschriebene Zeit dafür, dass seine Leistung zur Zeit der Abnahme die vertraglich zugesicherten Eigenschaft hat und nicht mit Fehlern behaftet ist, die den Wert oder die Tauglichkeit zu dem gewöhnlichen oder dem nach dem Vertrag vorausgesetzten Gebrauch aufheben oder mindern.

Zeitpunkt der Abnahme

Abzustellen ist damit entscheidend auf den Zeitpunkt der Abnahme. Die Ansprüche auf Beseitigung von Fehlern, die zum Zeitpunkt der Abnahme bestanden haben und die dem Auftraggeber bekannt waren, muss sich der Auftraggeber bei der Abnahme des Bauwerkes vorbehalten, um sie nicht zu verlieren. Meist geschieht dies durch Anfertigung einer Mängelliste, die dem Abnahmeprotokoll beigefügt wird.

Die Abnahme ist eine Stichtagsbetrachtung: Der Auftragnehmer verspricht dem Auftraggeber, dass zu diesem Zeitpunkt sein Bauwerk keine Fehler aufweist. Fehler, die erst nach der Abnahme auftauchen, sind deshalb daraufhin zu untersuchen, ob sie bereits bei der Abnahme latent vorhanden waren. Sind sie erst später entstanden, fallen sie nicht in die Gewährleistung.

Beispiel: Die Isolierung eines hochwandigen Flachdaches wird ohne Beanstandung abgenommen. Nach einem Jahr zeigen sich erhebliche Feuchtigkeitsschäden an der Decke des darunterliegenden Raumes. Haben die Feuchtigkeitsschäden ihre Ursache darin, dass der Isolierer nicht die vorgeschriebene zweilagige Bitumenbahn ausgelegt hat, ist dies ein Mangel, der bereits bei der Abnahme latent vorhanden war. Sind die Feuchtigkeitsschäden hingegen darauf zurückzuführen, dass sich der Hauseigentümer auf dem Dach eine Dachterrasse eingerichtet hat, mit der Folge, dass der Kiesbelag beim Betreten die Dachhaut verletzt hat, so ist die Ursache für die Undichtigkeit erst nach der Abnahme entstanden und dem Auftragnehmer nicht zuzurechnen.

Recht auf Mängelbeseitigung   Der Auftragnehmer, der dem Auftraggeber die Mangelfreiheit seiner Leistung versprochen hat, schuldet dem Auftraggeber in erster Linie die Beseitigung von Mängeln, die wider Erwarten doch aufgetreten sind.

Erst wenn diese Mängelbeseitigung zu keinem Erfolg führt, oder der Auftragnehmer sich weigert, sie durchzuführen, kommen weitere Gewährleistungsrechte des Auftraggebers in Betracht. *Ablehnungsandrohung*   Zuvor muss der Auftraggeber aber dem Auftragnehmer eine angemessene Frist setzen, mit der Androhung, die Mängelbeseitigungsleistung abzulehnen. Die VOB/B spricht von „Entziehen" des Auftrages. Erst nach dieser Fristsetzung mit Ablehnungsandrohung darf der Auftraggeber seine Gewährleistungsrechte geltend machen. Die Einhaltung dieser Formalien sind von großer Bedeutung, da dem Auftragnehmer eine Chance gegeben werden muss, seine eigenen Fehler zu korrigieren. Hält der Auftraggeber diese Formalien deshalb nicht ein, so kann der Auftragnehmer in vielen Fällen nicht mehr mit weiteren Ansprüchen aus Gewährleistung konfrontiert werden.

Wandelung

Bei einem BGB-Werkvertrag darf der Auftraggeber statt der Mängelbeseitigung auch die Wandelung des Vertrages verlangen. Die Voraussetzung für die Geltendmachung dieses Rechtes ist auch hier die fruchtlose Fristsetzung mit Ablehnungs- oder Entziehungsandrohung des Auftraggebers.

Der Auftraggeber kann von dem Auftragnehmer die Zurückzahlung sämtlicher geleisteten Beträge verlangen, wenn er ihm gleichzeitig anbietet, die ganze Werkleistung wieder zurückzunehmen. Damit soll ein Zustand erreicht wären, als wäre der Werkvertrag gar nicht abgeschlossen worden.

Es liegt auf der Hand, dass dieses Recht zum einen eine erhebliche Belastung für den Auftragnehmer bedeutet, denn was soll der mit dem zurückzunehmenden, auf die Bedürfnisse des Auftraggebers abgestellten Material anfangen? Zum anderen gibt es keine recht sinnvolle Lösung des Problems, denn wie stellt man sich die Rückabwicklung von Isolierarbeiten bei einem Bauwerk und seiner einzelnen Bestandteile vor?

Die VOB/B sieht deshalb dieses Wandelungsrecht gar nicht vor.

Minderung

Sinnvoller dagegen ist das Recht auf Minderung: Der Auftraggeber ist bei Vorliegen der genannten Voraussetzungen berechtigt, den Preis für die Werkleistung herabzusenken. Dabei wird der Minderwert der Leistung und der Aufwand, der zur Wiederherstellung eines vertragsgemäßen Zustandes erforderlich wäre, angemessen berücksichtigt. Gemeinsam den richtigen Minderungsbetrag zu finden, wird allerdings immer recht schwierig sein.

Wegen des Vorrangs, den nach der VOB/B die Mängelbeseitigung haben soll, ist die Minderung dort nur zulässig, wenn die Nachbesserung einen unverhältnismäßig hohen Aufwand für den Auftragnehmer bedeuten würde oder ausnahmsweise auch dann, wenn sie den Auftraggeber unverhältnismäßig stark belasten würde.

Schadenersatz

Nach fruchtloser Fristsetzung mit Ablehnungsandrohung kann der Auftraggeber im Rahmen des BGB-Werkvertrages auch – statt Minderung oder Wandelung – Schadenersatz wegen Nichterfüllung verlangen, sofern der Auftragnehmer den Mangel auch zu vertreten hat. Während er also bei den anderen Gewährleistungsrechten immer dafür einstehen muss, dass sich sein Versprechen zum Zeitpunkt der Abnahme auch erfüllt hat, muss ihm bei Schadenersatzansprüchen zumindest der Vorwurf gemacht werden können, fahrlässig den Mangel herbeigeführt zu haben. Dies wird aber in den meisten Fällen so sein, und trifft insbesondere dann zu, wenn der Auftragnehmer die Regeln der Technik nicht beachtet hat.

Folgekosten Das Recht auf Schadenersatz ist weitgehender als die übrigen Rechte, denn hier wird nicht nur der unmittelbar entstandene Schaden wieder gut gemacht, sondern sämtliche Nachteile, die dem Auftraggeber durch die mangelhafte Leistung entstanden sind, müssen ausgeglichen werden: Ist also z. B. der Wohnraum wegen Schimmelbefalls unbewohnbar gewesen und musste der Auftraggeber mit seiner Familie in ein Hotel ausweichen, so sind auch diese Folgekosten zu tragen.

Es versteht sich von selbst, dass die Höhe eines solchen Schadenersatzes sorgfältig nachgewiesen werden muss und dass der Auftraggeber alles in seiner Macht Stehende tun muss, um den Schaden so gering wie möglich ausfallen zu lassen.

Bei einem VOB/B-Vertrag gilt Ähnliches, wobei der Schadenersatz neben dem Mängelbeseitigungsrecht steht, dafür aber in einigen Fällen begrenzt ist.

Verjährung der Gewährleistungsansprüche

Der Auftragnehmer steht dafür ein, dass seine Leistung zum Zeitpunkt der Abnahme fehlerfrei war. Stellt sich innerhalb einer bestimmten Gewährleistungsfrist der Mangel heraus, so wird er mit den oben genannten Gewährleistungsrechten konfrontiert. Ist die Frist aber verstrichen, so kann er sich dem Auftraggeber gegenüber auf die Verjährung dieser Rechte berufen. Der Auftraggeber kann dann seine Rechte gerichtlich nicht mehr durchsetzen.

Die Gewährleistungsansprüche verjähren bei Leistungen an einem Bauwerk bei einem BGB-Werkvertrag in fünf Jahren nach der Abnahme.

Bei einem Bauvertrag nach VOB/B verjähren sie bereits nach zwei Jahren, wenn nichts anderes vereinbart ist.

Für die Verjährung ist nicht von Bedeutung, ob das Bauwerk selbst oder die gelieferten Teile Grundstücksbestandteile oder bewegliche Sachen sind. So kann zum Beispiel auch für Gebäudeteile, wie Fenster und Türen, Schwimmbad aus Fertigteilen oder eine Einbauküche, die ohne besondere Beeinträchtigung ihrer Substanz wieder entfernt werden können, die Verjährungsfrist für Arbeiten bei Bauwerken oder an Grundstücken gelten.

Ist die Gewährleistungsfrist vergangen, ohne dass irgendwelche Beanstandungen vorkamen, kann der Auftraggeber von dem Auftragnehmer in aller Regel keine Nachbesserungen von Mängeln mehr verlangen, die nach dem Fristablauf auftauchen. *Fristablauf*

Treten Mängel auf, die dem Auftragnehmer zurechenbar sind und rügt der Auftraggeber die Mängel, so kommt es für den Ablauf der Gewährleistung jetzt entscheidend darauf an, ob wir es mit einem BGB-Werkvertrag oder einem Vertrag nach VOB/B zu tun haben:

Bei einem VOB/B-Vertrag genügt nämlich die Rüge des Auftraggebers, um die 2-Jahresfrist um weitere 2 Jahre für den mangelhaften Teil der Leistung zu verlängern. Wenn die Parteien es vereinbart haben, beginnt statt der zweijährigen Frist sogar eine vereinbarte längere Frist (§ 13, Nr. 5, Abs. 1). *Rüge*

Bei einem BGB-Werkvertrag genügt die bloße Rüge nicht.

Will der Auftraggeber vermeiden, dass seine Ansprüche an der Einrede der Verjährung des Auftragnehmers scheitern, muss er sowohl bei dem BGB als auch dem VOB/B-Werkvertrag den Ablauf dieser Frist unterbrechen. Dazu bedarf es – von einigen Spezialfällen abgesehen – gerichtlicher Maßnahmen, wie der Erhebung einer Klage, oder der Einleitung eines Mahnverfahrens.

Hat es der Auftraggeber versäumt, rechtzeitig entsprechende Maßnahmen einzuleiten, kann sich der Auftragnehmer auf das Ende der Gewährleistung berufen.

Beispiel: Am letzten Tag der Gewährleistungsfrist inspiziert der Endkunde, eine Immobilienfirma, ein von ihr vor 5 Jahren in Auftrag gegebenes Mehrparteien-Wohnhaus, Dabei stellen sich erhebliche Feuchtigkeitschäden in den Kellern der Mieter heraus. Die Immobilienfirma teilt dies dem Auftraggeber, einem Bauunternehmer mit. Dieser leitet die Mängelrüge am nächsten Tag dem Isolierbetrieb zu, der die Bauwerksabdichtung durchgeführt hatte.

Der Isolierbetrieb kann sich erfolgreich auf den Ablauf der Gewährleistung berufen, da für ihn die Fristen abgelaufen waren und dies, obwohl seine Leistung eindeutig Mängel aufweist.

Hemmung der Gewährleistung Neben der Unterbrechung der Gewährleistung ist noch die Hemmung zu erwähnen. Gem. § 639 BGB wird der Lauf der Gewährleistung so lange gehemmt, wie der Unternehmer einen gerügten Mangel untersucht. Diese Untersuchungszeit verlängert also die Gewährleistung, lässt sie aber nicht neu beginnen. Erklärt der Unternehmer nach Beendigung seiner Untersuchung, dass er sich nicht für verantwortlich hält, so läuft die Gewährleistungsfrist ab der Erklärung weiter und der Auftraggeber muss entscheiden, ob er jetzt weitere, die Gewährleistung unterbrechende Maßnahmen einleitet.

Bleibt der Unternehmer jedoch trotz anfänglicher Zusage der Überprüfung der Mängel völlig untätig, endet die Hemmung nach der Rechtsprechung spätestens nach Ablauf eines Jahres.

Arglistige Täuschung Ausnahmsweise kann es dazu kommen, dass die Verjährungsfristen nicht 5 bzw. 2 Jahre betragen, sondern dass erst nach 30 Jahren die Ansprüche nicht mehr durchgesetzt werden (§ 638 BGB). Dies soll in Fällen der sogenannten arglistigen Täuschung der Fall sein, also z.B. wenn der Auftragnehmer bewußt Mängel während der Bauausführung zugelassen hat, ohne den Auftraggeber hierüber zu informieren.

Beispiel: Ein Rohbau sah für die Bodenplatte und die Kellerwände Sperrbeton vor. Das Bauamt genehmigte ihn mit dem Vermerk „Keller wegen zu hohen Grundwasserstandes nicht zu empfehlen oder abdichten." Statt dessen wurden die Kelleraußenwände jedoch weder mit Sperrbeton ausgeführt noch abgedichtet, sondern mit Hohlblocksteinen errichtet und innen verputzt. Das Gebäude wurde dann verkauft. Jahre danach nahmen die Kellerwände Feuchtigkeit auf und Wasser drang ein (BGH v. 5.12.85, BB 86,351). Hier hatte der Bauherr die Mängel sehenden Auges zugelassen, so dass er sich auf eine Verjährung der Ansprüche des Käufers nicht berufen durfte.

5.3 Schimmel und nachbarliche Belange

Auseinandersetzungen im Zusammenhang mit Feuchtigkeitsschäden können sich auch mit den Nachbarn ergeben.

Wohnungseigentum

Handelt es sich um Wohnungseigentum, ist § 14 Wohnungseigentumsgesetz (WEG) einschlägig: Danach ist jeder Wohnungseigentümer verpflichtet, die im Sondereigentum stehenden Gebäudeteile so instand zu halten, dass dadurch keinem der anderen Wohnungseigentümer über das bei einem geordneten Zusammenleben unvermeidliche Maß hinaus ein Nachteil erwächst.

Die Miteigentümer müssen ihre im Sondereigentum stehenden Räumlichkeiten also so nutzen, dass von ihnen keine Feuchtigkeit in die Wände und daran anschließend in die Wohnungen der Miteigentümer gelangen kann, müssen also z.B. darauf achten, dass der Spülmaschinenschlauch nicht defekt ist oder sonstige Feuchtigkeitsquellen auf das Miteigentum einwirken.

Bei Terrassenwohnanlagen stellt die Abgrenzung zwischen Sonder- und Miteigentum einen häufigen Streitpunkt dar: Für die Frage, wer für die Kosten einer schadhaft gewordenen Dachisolierung aufzukommen hat, ist dabei zu allererst auf die Teilungserklärung und die sonstigen zwischen den Miteigentümern geschlossenen Vereinbarungen abzustellen. Geben diese nichts her, ist auf den Grundsatz abzustellen, wonach Gegenstand des Sondereigentums diejenigen Bestandteile von Räumen sind, die verändert, beseitigt oder eingefügt werden können, ohne dass dadurch das Miteigentum oder das Sondereigentum anderer beeinträchtigt werden (§ 5 Abs. WEG). Teile des Gebäudes, die für dessen Bestand oder Sicherheit erforderlich sind, werden nicht Gegenstand des Sondereigentums, selbst wenn sie sich dort befinden.

Abgrenzung zwischen Sonder- und Miteigentum

Bei Dachterrassen ist deshalb allenfalls die oberste begehbare Schicht des Aufbaus als Sondereigentum einzuordnen (BayObLG WuM 94,152), die darunterliegenden Schichten, die der Feuchtigkeitsisolierung und Wärmedämmung dienen, sind hingegen zwingend gemeinschaftliches Eigentum (BayObLG NJW-RR-89, 1293; 91,976). Wird also im Laufe der Zeit die Dachhaut eines Flachdaches undicht, so ist es Sache der Eigentümergemeinschaft, die Reparaturen vorzunehmen und zu bezahlen. Es empfiehlt sich deshalb, bereits frühzeitig Benutzungsrechte und Erhaltungsaufwand sinnvoll zu koppeln.

Reihenhäuser

Bei Reihenhäusern kann sich die Frage stellen, inwieweit der Wandnachbar dafür Sorge tragen muss, dass in den eigenen vier Wänden keine Feuchtigkeitsschäden auftreten.

Die wohl herrschende Meinung in Literatur und Rechtsprechung geht von dem Grundsatz aus, dass ein Hauseigentümer mit seinem Eigentum so verfahren darf, wie es ihm beliebt, solange nicht gesetzliche Vorschriften verletzt werden.

Wenn also der Reihenhausnachbar sein Haus monatelang nicht nutzt und nicht heizt, kann der Nachbar ihn nicht dafür zur Rechenschaft ziehen, dass sich die Wand zum Nachbarn unverhofft als Außenwand darstellt und dem Mauerwerk die Wärme entzieht und so zu Feuchtigkeit im Innenraum führt.

Abriss des Nachbarhauses Probleme können auch entstehen, wenn der Reihenhausnachbar seinen Teil des Gebäudes abreißt. Hier ist die Rechtsprechung in der Beurteilung der Verantwortlichkeiten nicht einheitlich. Wenn die Giebelmauern unverputzt bleiben, bzw. notwendige Isolierungen im Fundamentbereich nicht vorgenommen werden, kann dies zu Feuchtigkeitsschäden führen. Der Nachbar ist zwar nicht verpflichtet, sein Haus im Interesse des Nachbarn stehen zu lassen (Horst, MDR 1998, 685, 689), der Abriss kann sich aber als ein unerlaubter Eingriff in eine Grenzeinrichtung gemäß § 922 Satz 3 BGB darstellen. Wer sein an eine gemeinsame Giebelmauer angebautes Haus abreißt, muss die Kosten einer dadurch nötig gewordenen Außenisolierung der Mauer tragen, wenn ein Wiederaufbau des Hauses an die Giebelmauer nicht mehr erfolgt (BGHZ 79,397). Ein Grundstückseigentümer, der sein in einer geschlossenen Häuserzeile stehendes Gebäude abbricht, ist verpflichtet, Vorkehrungen zum Schutz der dadurch freigelegten Wand des Nachbargebäudes, insbesondere gegen Feuchtigkeitseinwirkungen zu treffen. (OLG Frankfurt v. 8.7.81 OLGZ 1982, 352) Anders sieht es dann aus, wenn angrenzende Häuser jeweils eine selbständige Giebelwand haben; jetzt obliegt es grundsätzlich dem Eigentümer des unverändert stehengebliebenen Hauses, für die nötige Isolierung seines Hauses zu sorgen (OLG Hamm v. 14.1.91, NJW-RR 1991, 851). Dringt infolge der baulichen Veränderung eines Grundstückes in die Giebelwand des Nachbarhauses mehr Regenwasser ein, als wenn das Grundstück noch bis zur natürlichen Geländehöhe aus gewachsenem Boden bestünde, hat der Nachbar einen Unterlassungsanspruch. (OLG Köln MDR 1975, 403)

Straßenanlieger

Die gleiche Frage stellt sich im Zusammenhang mit Kanalbaumaßnahmen. Mitunter kommt es aufgrund der Arbeiten zur Versickerung von Oberflächenwasser. Dies kann zur Durchfeuchtung der Wand von außen und damit zu Schimmelbildung führen. Ein Anspruch auf Ausgleich des Nachteiles gem. § 906 BGB besteht jedoch für den betroffenen Eigentümer nicht. Nicht die Kanalbauarbeiten haben den Feuchtigkeitsschaden verursacht, sondern die fehlende Außenwand-Isolierung des Gebäudes. Nach Ansicht des LG Bonn (Urteil v. 14.8.96) muss die Gemeinde die betroffenen Anrainer auch nicht auf die mit den Kanalbau-Arbeiten verbundenen Feuchtigkeitsgefahren hinweisen.

5.4 Schimmel und Versicherung

Welchen Versicherungsschutz genießen Beteiligte und Gebäude, wenn es zu Feuchtigkeitsschäden kommt ?

Haftpflichtversicherung

Die Haftpflichtversicherung deckt grundsätzlich den Fremdschaden, der durch eigenes Verhalten entsteht. Dies gilt für den Bauunternehmer und den Planer des Bauwerks (Betriebshaftpflicht- bzw. Planungshaftpflicht), den Eigentümer eines Gebäudes (Gebäudehaftpflichtversicherung) oder die Privatperson (Privathaftpflicht).
Bei Feuchtigkeitsschäden kann es darauf ankommen, ob auch *Allmählichkeitsschaden* solche Schäden vom Versicherungsschutz erfaßt werden, die nicht plötzlich eintreten, sondern die sich erst langsam durch allmähliche Einwirkung der Temperatur oder der Feuchtigkeit

ergeben. Diese sogenannten Allmählichkeitsschäden sind grundsätzlich ausgeschlossen, wenn sie nicht ausdrücklich in der individuellen Regelung mit dem Versicherer wieder aufgenommen wurden. (§ 4 I Nr. 5 AHB).

Wird bei Installationsarbeiten z.b. ein wasserführendes Rohr verletzt, ohne dass dies bemerkt wird, kann die unerkannte Leckage dazu führen, dass das Mauerwerk sich langsam mit Wasser vollsaugt. Die Versicherungsgemeinschaft will für schwer nachweisbare und in ihren Auswirkungen auf lange Zeit unvorhersehbare Risiken nicht einstehen. Deshalb ist dieser allmählich entstehende Schaden vom Versicherungsschutz ausgeschlossen. (Voit, VersR 1991, 627). Gleiches gilt, wenn ein Rohr unter allmählicher Temperatureinwirkung platzt und dadurch einen Wasserschaden verursacht. Sowohl der allmählich entstandene Schaden an dem Rohr selbst als auch an der Wand, im Raum, in der unteren Wohnung etc. ist nicht von der Versicherung gedeckt.

Was unter „allmählich" zu verstehen ist, ist wiederum eine Frage des Einzelfalles. Das Gegenteil von allmählich wäre „plötzlich und rasch" (BGH v. 8.1.59, VersR 59, 174). Die Entstehung des Schadens muss also eine gewisse Zeit angedauert haben, damit der Versicherungsausschluß zum Tragen kommt. Beispiel: Ein Mieter mietet in den Winterferien eine Wohnung. Als er wieder abreist, dreht er alle Heizkörper ab. In den folgenden zwei Wochen kommt es zu erheblichen Frosteinbrüchen, die die Rohre in Mitleidenschaft ziehen. Die Leckagen führen innerhalb von zwei Wochen zu erheblichen Feuchtigkeitsschäden in der Wohnung. Dieser Schadensablauf ist noch zu knapp, um einen Ausschluß der Versicherung wegen Allmählichkeitsschäden begründen zu können. (BGH v. 1.5.90, VersR 90, 886)

Gebäudeversicherung

Feuchtigkeitsschäden, die aus Zu- oder Ableitungsrohren der Wasserversorgung und damit verbundenen sonstigen Einrichtungen oder Schläuchen entstehen, sind über die Gebäudeversicherung abgedeckt (§ 6 VGB 88). Ebenso die Feuchtigkeitsschäden, die sich aus Rohrbruch oder Frostschäden ergeben. (§§ 7,8 VGB 88) Feuchtigkeitsschäden aufgrund von Plansch- oder Reinigungswasser sind hingegen vom Versicherungsschutz ausgenommen (§ 9 VGB 88). Entschädigt werden die in Mitleidenschaft gezogenen Teile. Versichert sind aber auch die Kosten für Aufräumen, Bewegung der Teile, Schadensabwendung oder -minderung, Mietausfall. Die Kosten für den Einsatz von Feuerwehren sind nicht versichert (§ 2 VGB 88).

Sind die Feuchtigkeitsschäden damit die Folge von Rohrleitungsschäden, ist der Eigentümer zu einem nicht unbeträchtlichen Teil durch die Gebäudeversicherung geschützt. Sind Mieter betroffen, kann der Eigentümer von der Versicherung Unterstützung erwarten.

Privathaftpflichtversicherung

Bei der Privathaftpflichtversicherung ist abweichend von § 4 Ziff. I 6a AHB die gesetzliche Haftung auch auf die Beschädigung von Wohnräumen und sonstigen zu privaten Zwecken gemieteten Räumen in Gebäuden eingeschlossen. Ausgeschlossen sind allerdings Haftpflichtansprüche, die auf die Abnutzung, den Verschleiß oder die übermäßige Beanspruchung der gemieteten Objekte zurückzuführen sind. Ebenso sind ausgeschlossen Haftpflichtansprüche im Zusammenhang mit der Heizungsanlage, Kessel, Warmwasserbereitungsanlagen etc.

Hausratversicherung

Die Hausratversicherung deckt die Folgen eines Leitungswasserschadens für den eigenen Hausrat. Tritt aus einem Rohr Wasser aus und wird dadurch die Rückseite der Schrankwand durchfeuchtet und verschimmelt, wäre dieser Schaden durch die Hausratversicherung gedeckt.

Rechtsschutzversicherung

Der Umfang des Rechtsschutzes durch die Versicherung ist von dem vereinbarten Umfang der Versicherung abhängig. Die allgemeinen Bedingungen für die Rechtsschutzversicherung (ARB 94) können den Rechtsschutz für die Wahrnehmung rechtlicher Interessen aus Miet- und Pachtverhältnissen etc. zum Gegenstand haben (§ 2 c ARB 94). Rechtsschutz im Zusammenhang mit der Planung oder Errichtung eines Gebäudes oder seines Erwerbs sowie mit genehmigungspflichtigen baulichen Veränderungen sind hingegen ausgeschlossen, soweit nicht ausdrücklich etwas anderes vereinbart wurde (§ 3 ARB 94)

5.5 Schimmel und Steuer

Wer sich mit Schimmel-Schäden zu beschäftigen hat, wird auch danach fragen, inwieweit er den Fiskus an seinen Problemen beteiligen kann.

Einkommensteuer

Entstehung und Beseitigung von Schimmel in Räumlichkeiten haben durchaus auch einen steuerlichen Aspekt, wenn es um die Frage geht, ob und ggf. wer die für die Beseitigung des Schimmels entstehenden Aufwendungen im Rahmen welcher Einkunftsart von der steuerlichen Bemessungsgrundlage sofort abziehen kann, entweder als Betriebsausgaben oder als Werbungskosten. Dabei gehen wir davon aus, dass es bei der Beseitigung von Schimmel um Instandhaltungsaufwendungen geht und nicht um Herstellungsaufwendungen, die ggf. nur im Wege über die Absetzungen für Abnutzung in den Werbungskosten- bzw. Betriebsausgabenabzug einfließen können und deshalb nicht sofort abzugsfähig sind.

Mieter

Anrechenbarkeit von Kosten

Voraussetzung dafür, dass der Mieter von Räumlichkeiten den Aufwand für die Beseitigung von Schimmel abziehen kann, ist, dass der Mieter die Räumlichkeiten nicht zum Wohnen selbst nutzt. Der Mieter muss die Räumlichkeiten im Rahmen einer der Einkunftsarten des Einkommensteuergesetzes nutzen. Das ist z.B. der Fall, wenn der Mieter die Räumlichkeiten für die Ausübung einer selbständigen oder gewerblichen Tätigkeit (z.B. Rechtsanwaltskanzlei oder Maklerbüro) gemietet hat. Die Miete, die der Mieter für diese Räumlichkeiten zu entrichten hat, ist dann als Betriebsausgabe abziehbar.
Ebenso ist dann der Aufwand für die Beseitigung des Schimmels in diesen Räumlichkeiten als Betriebsausgabe abziehbar.

Weiter ist Voraussetzung, dass der Mieter dem Vermieter gegenüber zur Beseitigung des Schimmels verpflichtet ist und den Aufwand auch trägt. Wenn dies nicht der Fall ist, kann er selbstverständlich auch den Aufwand nicht abziehen.

Vermieter

Der Vermieter, der dem Mieter gegenüber zur Beseitigung des Schimmels verpflichtet ist und dieser Verpflichtung auch nachkommt, kann den Aufwand hierfür entweder als Werbungskosten abziehen, wenn er Privatvermögen vermietet, oder als Betriebsausgaben, wenn er Räumlichkeiten vermietet, die zu seinem Betriebsvermögen gehören.

Rückstellungen für ungewisse Verbindlichkeiten

Sowohl der Mieter als auch der Vermieter, die zur Beseitigung des Schimmels verpflichtet sind und die entweder obligatorisch oder freiwillig ihren Gewinn durch Betriebsvermögensvergleich ermitteln also bilanzieren, haben u.U. die Möglichkeit Rückstellungen für ungewisse Verbindlichkeiten in Höhe des voraussichtlich entstehenden Aufwandes für die Beseitigung von Schimmel zu bilden.

Umsatzsteuer

Umsätze aus der Vermietung von Räumlichkeiten sind nach § 1 Umsatzsteuergesetz (UStG) zwar grundsätzlich umsatzsteuerbar, wenn sie hier im Inland ausgeführt werden, jedoch nach § 4 Nr. 12 UStG umsatzsteuerfrei (außer der Vermietung von Wohn- und Schlafräumen, die ein Unternehmer zur kurzfristigen Beherbergung von Fremden bereithält).
Der Vermieter, der an einen Mieter vermietet, der die Räumlichkeiten für umsatzsteuerbare und umsatzsteuerpflichtige Tätigkeiten nutzt, kann jedoch gemäß § 9 UStG auf die Steuerfreiheit seiner Vermietungsumsätze verzichten. Der Vermieter hat dann die Möglichkeit, den Vorsteuerabzug vorzunehmen. Dies betrifft die Umsatzsteuer, die er selbst z.B. für die Unterhaltung der vermieteten Räumlichkeiten an andere Unternehmer entrichten muss. Der Mieter hat im Falle des Verzichts

des Vermieters auf die Steuerfreiheit seinerseits die Möglichkeit, die auf der Miete lastende Umsatzsteuer im Rahmen seiner Umsatzsteuererklärung als Vorsteuer abzuziehen.

5.6 Schimmel und Streitkultur

Bevor ein Streitfall vor Gericht geht, sollte die Ausgangslage noch einmal genau überprüft werden:
Sind die technischen Gegebenheiten wirklich so eindeutig, wie bis jetzt vermutet?
Was sagt der Vertrag über die Risikoverteilung?
Wie leicht lassen sich Schwachpunkte in der Argumentation aufdecken?
Können alle Behauptungen auch bewiesen werden?

Prozessdauer Es sollte bedacht werden, dass alle Streitigkeiten, die vor einem Gericht oder einem Schiedsgericht ausgetragen werden, Monate, wenn nicht Jahre in Anspruch nehmen. Währenddessen müssen die Prozessbeteiligten sich ständig mit der Angelegenheit beschäftigen, müssen für ihre Anwälte die Fakten aufbereiten, die sie in dem Verfahren vortragen wollen.

Prozesskostenrisiko Es versteht sich von selbst, dass diese Zeit auch interne Kosten verursacht. Diese internen Kosten ersetzt im Falle einer gerichtlichen Auseinandersetzung niemand. Wird ein Gerichtsverfahren durchgeführt und verloren, müssen außer den Gebühren für den eigenen Anwalt auch die Gebühren des Gerichts, sowie die Gebühren des Sachverständigen und diejenigen der gegnerischen Anwälte übernommen werden. Es gilt also abzuwägen, ob die Höhe der in Frage stehenden Summe im rechten Verhältnis zu dem Prozesskostenrisiko steht. Bei der Ermittlung des Prozesskostenrisikos muss in der Kalkulation mit dem für den Kläger ungünstigsten Ausgang des Verfahrens gerechnet werden, d.h. der Übernahme nicht nur der eigenen, sondern auch der gegnerischen Anwaltskosten zzgl. Verfahrenskosten.
Einige Beispiele

Streitsumme	Kosten allein in der 1. Instanz	weitere Kosten für die 2. Instanz
1.000,–	923,–	1.214,30
10.000,–	4.902,50	6.486,65
50.000,–	11.889,50	15.821,75
100.000,–	17.619,50	23.450,75
500.000,–	60.759,50	82.502,75

Hinzu kommen die Kosten des Sachverständigen, die sich nach der Komplexität des Auftrags richten: im Durchschnitt zwischen 1.000 und 10.000 DM, bei Einschaltung von Laboren jedoch schnell auch deutlich mehr.

Je nach Größenordnung des Streitfalls und des betroffenen Betriebes kann es deshalb bei nüchterner Abwägung der Risiken und Vorteile vernünftiger sein, zurückzustecken.

Selbständiges Beweisverfahren

• Allgemeines

Die Zivilprozessordnung sieht die Möglichkeit vor, ohne Prozess das Gericht zur Bestellung eines unabhängigen und neutralen Sachverständigen zu veranlassen. Auf Antrag nur einer Partei bestimmt das Gericht einen Gutachter, der in der Lage ist, die von der Partei formulierten (und von dem Gericht ggf. umformulierten) Fragen zu beantworten. Die beantragende Partei kann für die Benennung des Sachverständigen einen Vorschlag unterbreiten; das Gericht ist hieran aber nicht gebunden. Die an das Gericht zu zahlenden Gerichtsgebühren betragen nur $1/_6$ des sonst fälligen Vorschusses.

Der Antrag muss nicht von einem Rechtsanwalt gestellt werden, was weitere Kosten sparen helfen könnte. Andererseits sind einige Besonderheiten zu beachten, die es durchaus angezeigt sein lassen, sich auf die Hilfe eines Rechtsanwalts zu stützen.

Das selbständige Beweisverfahren ist grundsätzlich geeignet, den Konflikt zu begrenzen: Hat der Sachverständige gründlich recherchiert und methodisch korrekt gearbeitet und kommt er zu einem für beide Parteien nachvollziehbaren Ergebnis, so wird sich in vielen Fällen ein aufwendiger Bauprozess vermeiden lassen. Hat der Sachverständige einen Verursacher des Schadens ermittelt und eine Zuweisung aus technischer Sicht vorgenommen, wird sich der Unterliegende sehr oft fragen, ob es sich lohnt, trotz der Ergebnisse des Sachverständigen einen Prozess zu führen. Dafür wird er sich nur entscheiden, wenn entweder die Ergebnisse zu entkräften sind, oder wenn es rechtliche Gründe gibt, die trotz technischer Belastung eine andere Risikozuweisung ergeben.

- Rechtliche Bedeutung des Beweisverfahrens

Diejenige Partei, die im Prozess Behauptungen aufstellt, muss diese auch beweisen. Der Beweis durch Sachverständigengutachten ist legitim und effektiv. Kommt es trotz des vorgängigen selbständigen Beweisverfahrens zu einem Hauptverfahren, so sind die Feststellungen des gerichtlich bestellten Sachverständigen in diesem Hauptverfahren zu nutzen, ohne dass es eines neuen Beweisverfahrens bedürfte.

Da das selbständige Beweisverfahren sich ausschließlich um die Feststellung von Tatsachen oder die Erforschung von Ursachen bemüht, ist es im Idealfall auch geeignet, relativ schnell Feststellungen zum Zustand einer Sache zu treffen. Dies ist für den Auftragnehmer von großer Bedeutung, wenn er noch in der Erfüllung seiner Leistungen steckt und angebliche Mängel schnell beseitigt werden müssten, um mit dem Bauwerk nicht in Verzug zu geraten.

- Unterbrechung von Fristen

Die zweite wesentliche Bedeutung des selbständigen Beweisverfahrens liegt in der Unterbrechung von laufenden Verjährungsfristen. (siehe oben).

- Streitverkündung

Lange Zeit war unklar, ob denn auch andere mögliche Verursacher des Schadens in das Verfahren mit einbezogen werden können.

Für den Subunternehmer macht es deshalb durchaus Sinn, das Verfahren zu begleiten und u.U. bei den Ortsbegehungen und Anhörungen des Sachverständigen seinen Beitrag zur Wahrheitsfindung zu leisten. Nur so kann er sicherstellen, dass auch seine Argumente ausreichend gehört werden.

- Verfahren

Die Durchführung des selbständigen Beweisverfahrens muss bei demjenigen Gericht beantragt werden, das für die Entscheidung in der Hauptsache zuständig wäre, oder das bereits in der Hauptsache mit der Angelegenheit befasst ist. Der Antragsteller, sofern er Kaufmann ist, muss also ggf. seinen Vertrag auf Gerichtsstandsvereinbarungen überprüfen; er muss festellen, ob das Amtsgericht oder das Landgericht (z.Zt. dann, wenn die Streitsumme höher als DM 10.000,– ist) zuständig ist. Er muss ferner in dem Antrag die Beweistatsachen vortragen und sie glaubhaft machen. Weiter ist ein Gerichtskostenvorschuss nach der Tabelle zu berechnen und zusammen mit einem Vorschuss für die Gutachterkosten einzuzahlen.

Dies alles kann der Antragsteller gem. § 486 Abs.4, § 78 Abs.3 ZPO selbst und ohne Anwalt. Zu empfehlen ist dies allerdings nicht, denn die einzelnen Schritte und Formulierungen sollten gut überlegt sein, um auch im Hinblick auf einen später vielleicht doch drohenden Hauptprozess gewappnet zu sein. Die Rechtsprechung zu Spezialfragen des Beweissicherungsrechts ist mittlerweile beträchtlich, so dass man einen Fachmann hinzuziehen sollte. *Beweissicherungsrechts*

Schiedsgutachter/Schiedsrichter

Eine weitere Möglichkeit, ohne Gerichtsverfahren eine Einigung zu erzielen, besteht in der Beauftragung eines Schiedsgutachters. Auftragnehmer und Auftraggeber, die sich über ein bestimmtes Problem nicht einigen können – sei es über eine Auslegung des Vertrages, sei es über die Ursachen von Mängeln – beauftragen gemeinsam eine dritte Person, die den Streit für sie schlichten soll.

Dieser Weg setzt allerdings ein hohes Vertrauen in die Integrität und Sachkunde der dritten Person voraus. Sie wird auch nur dann erwogen werden können, wenn die Parteien untereinander im übrigen ein sehr gutes Verhältnis haben und ihre Beziehungen nicht durch den aufgetretenen Streit belasten möchten. Leider wird diese Möglichkeit der außergerichtlichen Streitbeilegung nur selten genutzt, obwohl sie hinsichtlich Zeit, Kosten und Wahrung der guten Beziehungen auch für die Zukunft eine große Chance darstellt.

Bauprozess

Schließlich verbleibt noch der Weg zum zuständigen Zivilgericht, um die Berechtigung geltend gemachter Forderungen dort zu klären. Sofern die Streitsumme (z.Zt.) unter 10.000 DM

liegt, ist das Amtsgericht zuständig, und zwar in der Regel das-
jenige, an dem die Gegenpartei ihren Sitz bzw. ihren allgemeinen Wohnsitz hat. Vor dem Amtsgericht besteht kein
Anwaltszwang. Die Klageschrift kann sogar zu Protokoll der
Geschäftsstelle des Amtsgerichtes gegeben werden. Ein Prozess, insbesondere ein Bauprozess ist zu kompliziert, als dass
man ihn alleine führen könnte. Im übrigen besteht bei wirt-
schaftlich schlechten Verhältnissen die Möglichkeit, Prozess-
kostenhilfe in Anspruch zu nehmen, so dass die Durchsetzung
eines berechtigten Anspruchs oder die Abwehr eines unbe-
rechtigten Anspruchs nicht an fehlenden wirtschaftlichen Mitteln scheitern sollte.

6 Fachwortlexikon

Absolute Luftfeuchte

In der Luft ist ein Anteil an Wasser als Dampf enthalten. Die Menge an Wasser, gerechnet als Masse des Wasserdampfes in g pro m³ Luft, bezeichnet man als absolute Luftfeuchte c:

$$c = \text{Masse Wasserdampf in der Luft (g) / Volumen der Luft (m}^3)$$

Die maximale absolute Luftfeuchte ist derjenige Gehalt an Wasserdampf pro m³ Luft, der bei Sättigung der Luft mit Wasserdampf aufgenommen werden kann. Mehr Wasserdampf kann dann nicht mehr aufgenommen werden.

Je wärmer die Luft, desto mehr Wasserdampf kann sie aufnehmen.

Sinkt die Temperatur der Luft, so bildet sich Nebel/Regen als Kondensat, wenn die Sättigungsfeuchte der jeweiligen Lufttemperatur erreicht wird.

Temperatur [°C]	Menge an Wasserdampf bei Sättigung [g/m³]
−15	1,39
−10	2,14
− 5	3,25
0	4,85
5	6,80
10	9,41
15	12,84
20	17,32
25	23,07

Anrechenbares Luftvolumen

Das anrechenbare Luftvolumen V_L wird aus dem beheizten Bauwerksvolumen oder Raumvolumen V ermittelt:

$$V_L = 0{,}80 \cdot V \text{ in m}^3$$

Äquivalente Luftschichtdicke

Die äquivalente Luftschichtdicke (s_d) gibt die Dicke einer Luftschicht an, die den gleichen Diffusionswiderstand aufweist wie der Baustoff in seiner vorhandenen Schichtdicke:

$$s_d = \mu s$$
μ = Wasserdampf-Diffusionswiderstandszahl
s = Schichtdicke des Baustoffes

Äquivalenter Wärmedurchgangskoeffizient

siehe Wärmedurchgangskoeffizient

Ausgleichsfeuchte

auch als Bilanz- oder Gleichgewichtsfeuchte bezeichnet.

Baustoffe können aus der Umgebungsluft Wasser aufnehmen und auch an diese abgeben. Im ersten Fall werden die Baustoffe feucht, im zweiten Fall trocknen sie.

Die Menge an Wasser, die ein Baustoff aus der Umgebungsluft aufnehmen kann, hängt von seiner Struktur ab, der Art seiner Kapillaren und Poren, in denen er das Wasser einlagert. Mit der Aufnahme bzw. Abgabe von Wasser ändert sich im allgemeinen die Struktur (Quellen, Schrumpfen/Schwinden).

Je nach Temperatur von Umgebungsluft und Baustoff stellt sich ein Gleichgewicht zwischen der Aufnahme von Wasserdampf aus der Luft und der Abgabe von Wasserdampf an die Umgebung ein. Zu jeder Temperatur und Umgebungsfeuchte gehört somit ein bestimmter, vom jeweiligen Material abhängiger Feuchtegehalt im Baustoff.

Bauteiltemperatur

Aus dem Wärmedurchgang durch ein Bauteil lassen sich die Temperaturen in den einzelnen Schichten des Bauteils errechnen. Dabei wird vorausgesetzt, dass die Temperatur sich innerhalb der jeweiligen Schicht des Bauteils linear verändert. Diese Annahme ist dann berechtigt, wenn das Material der jeweiligen Schicht hinreichend homogen ist.

Aus der Temperaturverteilung über den Querschnitt des Bauteils lassen sich die Temperaturen an den jeweiligen Grenzen der einzelnen Schichten ablesen.

Dampfsperre

Dampfsperren verhindern den Durchgang von Wasserdampf. Diese Sperren werden eingebaut, um einzelne Schichten eines Bauteils vor dem Eindringen von Wasserdampf zu schützen. Ein derartiger Schutz ist erforderlich, damit Dämmschichten nicht von Wasserdampf durchfeuchtet werden und so die Dämmwirkung nachlässt.

Diffusion

Unter Diffusion versteht man die Wanderung (Strömung) von Atomen, Molekülen, Stoffen oder Energie aufgrund eines Gefälles (Konzentrationsgefälle, Druckgefälle, Temperaturgefälle etc.). So ist die Wasserdampfdiffusion eine Wanderung von gasförmigem (dampfförmigem) Wasser aufgrund eines Dampfdruckgefälles.

Diffusionskoeffizient

Stoffkonstante, die die Durchlässigkeit eines Baustoffes gegenüber dem Hindurchströmen von Teilchen, z.B. Wasserdampf angibt.

Diffusionswiderstand

Kehrwert des Diffusionsdurchlasskoeffizienten

Der Diffusionswiderstand ($1/\Delta$) ergibt sich aus der Diffusionswiderstandszahl (μ) und der Schichtdicke (s) eines Stoffes. Die Diffusionswiderstandszahl ist eine Stoffkonstante, die je nach Material unterschiedlich groß ist.

$$\frac{1}{\Delta} = \mu \cdot s$$

Feuchtegehalt

In Baustoffen kann je nach Struktur von Poren und Kapillaren Wasser gespeichert sein. Dieser Gehalt an Wasser wird als Feuchtegehalt, oder kurz als Feuchte bezeichnet.

Der Gehalt an Wasser im Baustoff kann auf das Trockengewicht oder das Volumen des Baustoffes bezogen werden. Im ersten Fall erhält man den massebezogenen, im zweiten Fall den volumenbezogenen Feuchtegehalt des jeweiligen Baustoffes.

Der massebezogene Feuchtegehalt (u_m) ergibt sich aus dem Trockengewicht (G_{tr}) und dem Gewicht des Baustoffes im feuchten Zustand (G_f) nach folgender Gleichung in Gew% oder Masse-%:

$$u_m = \frac{G_f - G_{tr}}{G_{tr}} \cdot 100$$

Der volumenbezogene Feuchtegehalt (u_V) ergibt sich aus der Rohdichte (ρ) des Baustoffes und dem massebezogenen Feuchtegehalt (u_m) in Vol%:

$$u_V = \frac{u_m \cdot \rho}{1000}$$

Als praktischer Feuchtegehalt von Baustoffen wird derjenige Feuchtegehalt angesehen, der sich bei üblicher Umgebung des Baustoffes als Bilanz- oder Gleichgewichtsfeuchte einstellt. In der Regel wird als Umgebung ein normales Raumklima (20 °C und 60% relative Luftfeuchte) zugrunde gelegt.

Für diese Umgebung sind in der DIN 4108, Teil 4, Tabelle A.1

folgende praktischen Feuchtegehalte für die einzelnen Baustoffe angegeben:

Baustoff	praktischer Feuchtegehalt	
	masse-bezogen Masse-%	volumen-bezogen Vol%
Ziegel	–	1,5
Kalksandstein	–	5,0
Beton	–	4,5
Beton mit Leichtzuschlägen	–	5,0
Gasbeton	–	3,5
Gipsputz	–	2,0
Kalk/Zementputz	–	1,5
Anhydritestrich	–	2,0
Zementestrich	–	1,5
Mineralwolledämmung	5,0	–
Schaumstoffdämmung	5,0	–
Schaumglasdämmung	0,0	0,0

Feuchtemessung

Der Feuchtegehalt von Baustoffen kann im eingebauten Zustand mittels eines elektrischen Leitfähigkeitsmessgerätes oder an entnommenen Proben mittels gravimetrischer Feuchtebestimmung ermittelt werden.

Mittels eines elektrischen Leitfähigkeitsmessgerätes wird die elektrische Leitfähigkeit in der Oberfläche des Baustoffes bestimmt. Je höher die Leitfähigkeit, desto höher der Feuchtegehalt, weil das Wasser in den Poren und Kapillaren des Baustoffes den Transport von Ionen (elektrisch geladenen Atomen), die aus Salzen entstehen, ermöglicht, so dass ein Stromfluss entsteht.

Daraus wird deutlich, dass ein hoher Salzgehalt im Baustoff eine höhere Feuchte vortäuschen kann. Es wird auch nur der Feuchtegehalt in der oberflächennahen Zone des Baustoffes erfaßt. Hierbei kann ein Baustoff an der Oberfläche durchaus trocken, im tieferen Querschnitt dagegen noch stärker durchfeuchtet sein.

Bei der gravimetrischen Feuchtebestimmung werden Proben des Baustoffes aus unterschiedlichen Tiefen über den Querschnitt verteilt entnommen und dampfdicht verpackt, damit keine Feuchte auf dem Transport ins Labor verloren geht. Im Labor werden die Proben eingewogen, und im Trockenschrank bei definierter Temperatur, damit kein Kristallwasser ausgetrieben wird, getrocknet. Nach dem Auskühlen im Exsikkator werden die Proben ausgewogen. Aus der Gewichtsdifferenz zwischen Einwaage und Auswaage ergibt sich der Gehalt an Wasser in der jeweiligen Probe, der auf das Trockengewicht bezogen in Gew% angegeben wird.

Der so ermittelte Feuchtegehalt kann mit der Bilanzfeuchte und der Maximalfeuchte des Baustoffes verglichen werden zur Beurteilung des Ausmaßes der Durchfeuchtung.

Feuchteschutz

Der Feuchteschutz dient dazu, Bauteile und deren Baustoffe vor Durchfeuchtung zu bewahren.

Hierzu zählt der Schutz gegen

- Niederschlagswasser (Eindringen von Regen/Schnee)
- Feuchte aus dem Erdreich (aufsteigende Feuchte)
- Kondenswasser aus der Raumluft (Wasserdampfdiffusion)

Fugendurchlässigkeit

Die Fugendurchlässigkeit (V) ist der Kehrwert der Fugendichtigkeit, also ein Maß dafür, wieviel Luftaustausch bei Fenstern über die Fugen zwischen Rahmen und Fensterflügel stattfindet bei einer bestimmten Luftdruckdifferenz.

V = Luftvolumen in m^3/Zeit in h

$$V = \frac{V_L}{t}$$

V_L = Luftvolumen in m^3
t = Zeit in h

Fugendurchlasskoeffizient

Der Fugendurchlaßkoeffizient (a) gibt die Fugendurchlässigkeit bezogen auf 1 m Rahmenfuge bei einer Druckdifferenz von 10 Pa an:

a = Luftvolumen in m^3/Fugenlänge in m
x Zeit in h x Druckdifferenz in 10 Pa

$$a = \frac{V_L}{L_F \cdot t \cdot \Delta_P}$$

V_L = Luftvolumen in m^3 t = Zeit in h
L_F = Fugenlänge in m Δ_P = Druckdifferenz in 10 Pa

Je niedriger der Fugendurchlasskoeffizient, desto dichter ist ein Fenster.

Gesamtenergiedurchlass
g-Wert

Der Gesamtenergiedurchlass (g-Wert) gibt bei Verglasungen an, wieviel Prozent der von außen eingestrahlten Sonnenenergie innen im Raum ankommt. Ein Teil der Sonnenenergie wird reflektiert. Ein Teil der Sonnenenergie, die nach innen durchgekommen ist, wird wieder nach außen abgestrahlt (sekundäre Wärmeabgabe nach außen). Innen kommt ein Teil der Sonnenenergie direkt als Strahlung (Transmission) und ein Teil als sekundäre Wärmeabgabe nach innen an.

Verglasung	g-Wert
Doppelverglasung aus Klarglas	0,8
Dreifachverglasung aus Klarglas	0,7
Glasbausteine	0,6
Mehrfachverglasung mit Sondergläsern (Wärmeschutzglas, Sonnenschutzglas)	0,2 bis 0,8

Jahres-Heizwärmebedarf

Der Jahres-Heizwärmebedarf ist diejenige Menge an Wärme, die von einem Heizsystem aufgebracht werden muss für die Beheizung der Räume eines Gebäudes.

Der Jahres-Heizwärmebedarf (Q_H) setzt sich aus dem Transmissionswärmebedarf (Q_T) und dem Lüftungswärmebedarf (Q_L) zusammen, abzüglich der internen Wärmegewinne (Q_i) und der solaren Wärmegewinne (Q_s). Die internen Wärmegewinne stammen aus der Wärmeabgabe von Menschen, Beleuchtungskörpern oder elektrischen Geräten. Die solaren Wärmegewinne stammen aus der Sonneneinstrahlung.

Kältebrücke

siehe Wärmebrücke

Kapillarität

Aufgrund der Oberflächenspannung steigt Wasser in Kapillaren hoch. Je dünner die Kapillaren sind, desto höher steigt das Wasser.

Kondensat

Vgl.: Tauwasser

Wasser, das sich an kühlerer Oberfläche bildet, wenn die Tautemperatur der Luft erreicht bzw. unterschritten wird.

Konvektion

(Wärmemitführung)

Bei der Konvektion wird Wärme übertragen, indem ein warmes Medium bewegt wird und Wärme an ein kälteres Bauteil abgibt.

k-Wert

siehe Wärmedurchgangskoeffizient

Lüftung

Durch Lüftung wird die verbrauchte warme Raumluft, die unter Umständen mit Geruchs- oder sogar Schadstoffen belastet ist, gegen frische kalte Außenluft ausgetauscht.

Lüftungswärmebedarf/Lüftungswärmeverlust

Da beim Lüften in der Regel die warme Raumluft gegen kalte Außenluft getauscht wird, findet mit dem Lüften eine Abkühlung statt. Es entsteht also ein Wärmebedarf, um diese Wärmeverluste durch Lüften auszugleichen.

Lüftungswärmeverluste können nicht nur durch bewußtes Lüften auftreten, sondern auch durch Luftaustausch über Fugen und Öffnungen.

Luftdichtigkeit

Damit die Lüftungswärmeverluste begrenzt bleiben, keine unangenehmen Zugerscheinungen auftreten und feucht-warme Raumluft nicht in die kühleren Teile des Bauteils gelangt, was Kondensat zur Folge hätte, müssen Gebäudehülle, Fenster, Türen, Fugen in der Konstruktion luftdicht ausgeführt werden.

Baustoffe mit einer spezifischen Luftdurchlässigkeit (Luftdurchlässigkeit bezogen auf 1 m² Fläche) von weniger als 0,1 m³/(m² h) bei einer Druckdifferenz von 50 Pa gelten als luftundurchlässige Schicht. Hierzu zählen z.B.:

- PE-Folien
- Alu-Folien
- Hartfaserplatten
- Gipskartonplatten

Stöße und Fugen in diesen Schichten müssen überlappend und zusätzlich verklebt (Folien) bzw. dicht verspachtelt mit Fugenbändern (Platten) abgedichtet werden.

Luftfeuchte

siehe absolute und relative Luftfeuchte

Luftwechsel

Damit bei der Nutzung von Räumen die von den Bewohnern abgegebene Feuchte (Atmen, Schwitzen) regelmäßig nach außen abgeführt wird, ist eine Mindest-Lüftung vorgesehen. Der Luftwechsel soll so erfolgen, dass je Stunde einmal das gesamte Luftvolumen des Raumes ausgetauscht wird. Die Luftwechselzahl (β) beträgt also 1,0. Eine Luftwechselzahl von 0,5/h sollte in keinem Fall bei Nutzung unterschritten werden. In der Regel wird mit einem 0,8-fachen Luftwechsel gerechnet.

Normklima

In DIN 4108 sind Randbedingungen für einzelne Klimasituationen vorgegeben:

	Temperatur	relative Luftfeuchte
Winter (Tauperiode)		
Raumklima	20 °C	50%
Außenklima	–10 °C	80%
Sommer (Verdunstungsperiode)		
Raumklima	12 °C	70%
Außenklima	12 °C	70%

Bei den Temperaturangaben handelt es sich um Durchschnittswerte (Tag/Nacht).

Bei Schwimmbädern, Fabrikhallen und sonstigen Sonderfällen gelten andere Klimaverhältnisse.

Oberflächentemperatur

Aus der Berechnung des Wärmedurchganges ergibt sich die Oberflächentemperatur auf den einzelnen Schichten des Bauteils. Von Bedeutung ist hierbei die Oberflächentemperatur auf der Innenseite des Bauteils. Liegt diese Temperatur niedriger als die Tautemperatur der jeweiligen Raumluft, so bildet sich auf der Oberfläche Kondensat.

Relative Luftfeuchte

Tatsächlich in der Luft enthaltene Menge an Wasserdampf bezogen auf den maximal möglichen Gehalt der Luft an Wasserdampf (Sättigungsdruck) bei der jeweiligen Temperatur, angegeben in %. Die jeweiligen Mengen an Wasserdampf werden als Partialdruck angegeben.

Bei 20 °C beträgt der Wasserdampf-Sättigungsdruck 2340 Pa (= 100% relative Luftfeuchte). Bei einer relativen Luftfeuchte von 60% beträgt der Wasserdampf-Partialdruck 1404 Pa.

Schlagregenschutz

Der Schlagregenschutz dient dazu, Bauteile vor einer Durchfeuchtung durch Regen zu schützen. Dies kann erfolgen, indem
- Regen durch eine wasserabweisende Schicht (Anstrich, Verkleidung) von dem Bauteil ferngehalten wird.
- die Verdunstung (Trocknung) rascher erfolgt als die Wasseraufnahme bei Regen.
- Regen durch konstruktive Maßnahmen (Dachüberstand, Abdeckung) vom Bauteil fort geleitet wird.

Taupunkt

(Taupunkttemperatur)
Temperatur, bei der sich bei gegebener Lufttemperatur und relativer Luftfeuchte Tauwasser (Kondensat) bildet.
Bei 20 °C und 60% relativer Luftfeuchte bildet sich Kondensat bei 12,0 °C. Kühlt eine Außenwand also auf 12,0 °C an der Innenseite (Oberflächentemperatur) aus, so bildet sich bei einem Raumklima von 20 °C und 60% relativer Luftfeuchte Tauwasser auf der Wandoberfläche.

Tauwasser

Vgl. Kondensat
Die Luft kann gezielt entfeuchtet werden, indem Kondensat sich an kühlen Stellen niederschlägt und abgeleitet werden kann (Kondensattrockner). Dieser Effekt war bei den kalten Einfachverglasungen vorhanden. Tauwasser konnte von den Scheiben abgewischt werden, oder sammelte sich in einer Rinne auf der Innenfensterbank und konnte durch eine Bohrung nach außen ablaufen.

Transmissionswärmeverlust

Wärmeverlust, der dadurch entsteht, dass Wärme von einem Körper zum anderen über eine gemeinsame Kontaktfläche übertragen wird.
Die einzelnen Schichten eines Bauteils übertragen Wärme aufeinander, so dass die Wärme durch das Bauteil wandert.

Wärmebedarf

siehe Jahres-Heizwärmebedarf

Wärmebrücke

Stellen in der Gebäudehülle, an denen örtlich begrenzt ein größerer Wärmestrom (Wärmeverlust) stattfindet.

Wärmebrücken können konstruktiv bedingt sein. Aufgrund der größeren Oberfläche sind Außenecken Wärmebrücken. Auch bei auskragenden Bauteilen (Balkonplatte, Attika) ist die wärmeabgebende Oberfläche größer, so dass hier verstärkt Wärmeverluste auftreten.

Wärmebrücken können materialbedingt sein. Aufgrund der höheren Wärmeleitfähigkeit geben metallische Baustoffe (Stahlträger, Anker) mehr Wärme ab.

Wärmedämmung
Maßnahmen zur Begrenzung des Wärmestromes und der dadurch bedingten Wärmeverluste

Wärmedämmstoff
Material mit geringer Wärmeleitfähigkeit
Wärmedämmstoffe werden in unterschiedliche Wärmeleitfähigkeitsgruppen eingestuft. Dabei wird in 5er-Schritten vorgegangen. Ein Dämmstoff mit WLG 040 hat eine Wärmeleitfähigkeit von höchstens 0,040 W/(m K), ein Dämmstoff mit WLG 035 von höchstens 0,035 W/(m K).

Wärmedurchgangskoeffizient
k-Wert
Wärmestrom durch ein Bauteil, bezogen auf 1 m² Fläche je K (Kelvin) Temperaturdifferenz der auf beiden Seiten angrenzenden Luft, angegeben in W/(m² K)
Je kleiner der Wärmedurchgangskoeffizient ist, desto geringer ist der Wärmedurchgang durch den Baustoff bzw. das Bauteil.

Wärmedurchlasswiderstand
Kehrwert des Wärmedurchgangskoeffizienten

Wärmeleitzahl
Die Wärmeleitzahl gibt die Wärmemenge an, die in einer Stunde durch einen Körper von 1 m Dicke von der wärmeren zur kälteren Seite fließt bei einer Temperaturdifferenz von 1 K, bezogen auf 1 m² Fläche, angegeben als λ in W/(m K).

Wärmeschutz
Mit den Maßnahmen des Wärmeschutzes werden die Wärmeverluste begrenzt. Dies führt zu einer Verminderung des Heizwärmebedarfes und somit zu einer Verminderung des CO_2-Ausstoßes.

Der Wärmeschutz dient auch dazu, ein behagliches Raumklima zu schaffen, sowohl im Winter, als auch für den Schutz gegen Hitze im Sommer (sommerlicher Wärmeschutz) .

Wärmeschutzverordnung

In der Wärmeschutzverordnung werden die Anforderungen für den Wärmeschutz vorgegeben.

Für die gesamte Gebäudehülle wird der Wärmedurchgang erfaßt. Ferner wird eine Wärmebilanz aufgestellt mit Berücksichtigung aller Wärmeverluste und Wärmegewinne. Dabei müssen die einzelnen Bauteile die Anforderungen der DIN 4108 erfüllen.

Wärmespeicher

Die Wärmespeicherfähigkeit eines Baustoffes (S) setzt sich aus seiner Dichte (ρ) und seiner spezifischen Wärmekapazität (c) zusammen:

$$S = c \cdot \rho$$

Aus der Wärmespeicherfähigkeit des Baustoffes (S) und seiner Schichtdicke (d) ergibt sich der Wärmespeicherwert einer Bauteilschicht (W):

$$W = S \cdot d$$

Wärmestrom

Wärmemenge (= Energiemenge), die in einer bestimmten Zeit von einem Bauteil zum anderen fließt.

Wärmestromdichte

Wärmestrom, bezogen auf 1 m² Fläche des durchströmten Körpers

Wärmeübergangskoeffizient

Der Wärmeübergangskoeffizient (α) gibt den Wärmestrom von einem Bauteil zum anderen bei einer Temperaturdifferenz von 1 K an, bezogen auf 1 m² Fläche, angegeben in W/(m² K).

Wärmeübergangswiderstand

Kehrwert des Wärmeübergangskoeffizienten

Wärmeübertragung

Die Wärmeübertragung kann erfolgen durch

- Wärmestrahlung
- Wärmeströmung (Konvektion)
- Wärmeleitung

Bei der Wärmestrahlung wird Wärmeenergie von einem Bauteil zum anderen übertragen, ohne dass diese direkten Kontakt zueinander haben (Sonnenstrahlung, Infrarotstrahlung).

Bei der Wärmeströmung (Konvektion) wird Wärme übertragen, indem ein warmes Medium bewegt wird und Wärme an ein kälteres Bauteil abgibt.

Bei der Wärmeleitung wird Wärme von einem auf ein anderes Bauteil bei direktem Kontakt übertragen.

Wärmeverlust

Summe aller Wärmeverluste (durch Transmission, Lüftung, Fugen)

Wasseraufnahmekoeffizient

Stoffkonstante, die die Menge an Wasser angibt, die von einem Baustoff durch kapillare Saugung pro Zeiteinheit aufgenommen wird, bezogen auf eine definierte Saugfläche, angegeben in kg/(m² h).

Der Wasseraufnahmekoeffizient ist ein Maß für die Geschwindigkeit der Wasseraufnahme eines Baustoffes.

Wasserdampfdiffusion

Als Wasserdampfdiffusionsstromdichte wird die Menge an Wasserdampf bezeichnet, die bezogen auf eine Fläche von 1 m^2 in einer Stunde durch einen Baustoff wandert.

Wasserdampf-Diffusionswiderstandszahl

Stoffkonstante, die angibt, um wievielmal der Diffusionswiderstand einer Schicht des Baustoffes größer ist als die gleichdicke Schicht Luft unter sonst gleichen Bedingungen

Luft	$\mu = 1$
PE-Folie	$\mu = 100.000$

Wasserdampfteildruck

(Partialdruck des Wasserdampfes)

Anteil des Wasserdampfes in der Luft, der einen bestimmten Gasdruck bewirkt.

Anhang

Abkürzungen

§	Paragraph
%	Prozent
Abb.	Abbildung
AG	Auftraggeber
AGB	allgemeine Geschäftsbedingungen
AN	Auftragnehmer
BGB	Bürgerliches Gesetzbuch
BGH	Bundesgerichtshof
bzgl.	bezüglich
bzw.	beziehungsweise
d.h.	das heißt
DIN	Deutsches Institut für Normung
DIN EN	Deutsches Institut für Normung, Europäische Norm
Gew.	Gewicht
HGB	Handelsgesetzbuch
ISO	Internationale Organisation für Normung
KO	Konkursordnung
l	Liter
LV	Leistungsverzeichnis
m	Meter
M	Masse
MAK	maximale Arbeitsplatzkonzentration
MIK	maximale Innenraumluftkonzentration
Nr.	Nummer
OLG	Oberlandesgericht
S.	Seite
s.o.	siehe oben
s.u.	siehe unten
u.a.	unter anderem
V	Volumen
VDI	Verein Deutscher Ingenieure
vgl.	vergleiche
VVG	Versicherungsvertragsgesetz
VOB	Verdingungsordnung für Bauleistungen (Teil A, B und C)
z.B.	zum Beispiel
ZPO	Zivilprozeßordnung

Literaturhinweise

Feuchtigkeit und Schimmelbildung in Wohnräumen
Habermann, Jan; Winkler, Joachim | Arbeitsgemeinschaft Wohnberatung
e.V. -AGW-, Bonn (Hrsg.); Arbeitsgemeinschaft der Verbraucherverbände
e.V. -AgV-, Bonn (Hrsg.) | (Selbstverlag), Bonn 1989 | ISBN 3-925271-37-6

Feuchtigkeit im Haus
Pehle, Tobias | Falken-Verlag, Niedernhausen 1999 (Falken Bücher 2531)
ISBN 3-8068-2531-9

Schimmelpilze
Reiß, J. | Springer-Verlag, Heidelberg, Berlin u.a. | ISBN 3-540-63019-8

Konstruktionsempfehlungen zur Altbaumodernisierung
Schild, Erich; Oswald, Rainer; Rogier, Dietmar; Schweikert, Hans
Bauverlag, Wiesbaden 1980

Albaukonstruktionen
Praxis der Erhaltung von Bauten | Kolbitsch, Andreas | Springer-Verlag,
Wiesbaden, Wien 1989 | ISBN: 3-211-82123-6

Baugewerbe und Altbaumodernisierung
Der Markt von heute und morgen | Schmitz, Heinz | Rationalisierungs-
Kuratorium der Deutschen Wirtschaft e.V. -RKW-; Rationalisierungs-
Gemeinschaft Bauwesen -RG-Bau-, Eschborn (Hrsg.) | R. Müller, Köln 1988
ISBN 3-481-12521-6

Sanierung alter Häuser
– mit Öko-Tips zu Baustoffen | Brändle, Evemarie; Wittmann, Franz X.
5.,durchges.Aufl. | BLV Verlagsgesellschaft, München 1997
ISBN 3-405-14945-2

Verfahren zur Bauwerksinstandsetzung
Gestern - Heute - Morgen | Berichtsband zum WTA-Kolloquium im
Rahmen der WTA-Tage 1998 in Fulda (WTA-Schriftenreihe; 17)
Wissenschaftlich-Technische Arbeitsgemeinschaft für Bauwerkserhaltung
und Denkmalpflege e.V. -WTA- (Hrsg.); Leschnik, Werner (Hrsg.)
Aedificatio Verlag, Freiburg/Brsg. 1998 | ISBN 3-931681-17-3

Hausmodernisierung von A–Z
Der sichere Weg - Bescheid wissen und erfolgreich planen
Fischer-Uhlig, Horst | Blottner, Taunusstein 1993 | ISBN 3-89367-031-9

Stichwortverzeichnis

A

Abdichtung 27, 50, 73, 86, 98, 100
Abdichtungsbahn 46, 48
Ablaufmarken 46, 48, 79, 119
Ablehnungsandrohung 134
Abnahme 133
Abnahmeprotokoll 133
Allmählichkeitsschaden 142
Alukaschierung 54
Amtsgericht 150
Anrainer 141
äquivalente Luftschichtdicke 15
Aufheizung 9
aufsteigende Feuchte 90
Ausblühungen 43, 51, 91, 98
Außenabdichtung 112, 117
Außenfensterbänke 110
Austrocknung 105

B

Balkonplatten 63, 110
Bauernhof 91
Baufeuchte 15, 44
Baumängel 124
Bauprozess 147
bauschädliche Salze 90
Bauvorschriften 125
Bauwerkstrocknung 87
Beanspruchung 143
Beheizbarkeit 124
Belüftbarkeit 124
Betriebsausgaben 144
Beweislast 126
Beweisverfahren 147
BGB-Werkvertrag 132
Bilanzfeuchte 21, 71, 76, 88, 95, 103
Bitumenanstrich 86
Bitumenbahnen 47
Bleilappen 58
Bodenabdichtung 118

D

Dachabdichtung 118
Dachdeckung 118
Dachflächenfenster 45, 54
Dachrand 45, 51
Dämmkeil 47
Dämmplatte 31
Dämmung 54
Dämmwert 26, 30, 37, 52
Dampfbilanz 12, 34, 122
Dampfdichtigkeit 46

Dampfsperre 47, 55, 56, 58, 60, 69, 108, 113, 115
Dehnung 9
  Feuchtedehnung 9
  thermische Dehnung 9
Dichtmanschetten 48
Dichtschlämme 102
Diffusion 13, 72, 101
Diffusionsleitzahl 14
Diffusionsnachweis 16
Diffusionssperre 15
Diffusionswiderstand 14
Diffusionswiderstandzahl 15
Dränage 117
Durchfeuchtung 15
Durchführungen 45
Durchzug 17

E

Einfachverglasung 68, 84
Energieeinsparverordnung 9
Energieverschwendung 32
Entlüftungsöffnungen 121
Erdfeuchte 28
Ersatzvornahme 128

F

Feuchte, aufsteigende 90
Feuchtedehnung 9
Feuchteflecken 19
Feuchtegehalt 21, 27, 71, 76, 86, 88, 94, 103, 119
Feuchtemarken 76
Feuchtemeßgerät 94
Feuchteprofil 119, 120
Feuchteschutz 122
Feuchtigkeitsbrücke 99
First 45
Flachdächern 45
Flachdachrichtlinien 47
Folie 35
Frist 127, 132, 134, 136
Fristablauf 137
Fristsetzung 134
Frost 79
Frostschäden 142

G

Gesimse 63
Gewährleistung 133, 134
Grenzeinrichtung 140
Großküche 117
Grundwasserstand 122

H

Haftpflicht 141
Harzinjektion 91, 94, 99
Harzverpressung 98
Haustrennwand 102
Heiz- und Belüftungspflicht 130
heizen 32, 51, 80, 87
Heizkörpernischen 32
Heizung 9, 33, 126
Hinterlüftung 56
Hochwasser 122
Holzwolleleichtbauplatte 25
Horizontalsperre 87, 90, 97, 99,
    114, 115, 122

I

Injektionsharz 87
Innendämmung 40, 44, 69
Instandhaltungsaufwendungen
    144
Isolierglasfenster 80
Isolierverglasung 68

K

k-Wert 30, 37
Kältebrücke 36, 52, 63, 107, 111,
    120
Kapillare 13
Kellerräume 85
Kern 90
Klage 137
Klimaanlage 121
Kondensat 11, 20, 24, 29, 32, 34,
    36, 38, 40, 48, 51, 54, 55, 58, 60,
    63, 67, 80, 84, 104, 109
Kondensatbildung 19
Kondensatschäden 47
Kondensatschutz 11, 66, 83, 113,
    114, 116, 117, 118, 122
Korrosion 11
Kosten 146
Kühlraum 115, 117
Kühlrippen 28, 51, 63
Kühlstab 48
Kühlung 9
Kündigung 128

L

Leckagen 69, 114, 115, 116, 118, 119
Leitungswasserschaden 143
Lichtkuppel 45, 46
Luftdurchlässigkeit 9
lüften 32, 51, 68, 80, 87
Luftfeuchte, relative 11, 34, 67, 82
Luftfeuchtigkeit 24
Lüftung 9, 18, 34, 64, 80, 83, 113,
    115, 116, 117, 118, 126

M

Mahnverfahren 137
Mangel 124
Maximalfeuchte 71
Mieterbund 128
Mietvertrag 124
Minderung 127, 135
Minirollladen 34
Miteigentum 139
Mitverschulden 129
Modergeruch 104

N

Nachbesserung 132
Neubau-Feuchtigkeit 130
Neuherstellung 132
Nitrate 89, 96
Nutzung 117

O

Oberflächenfeuchte 65, 73, 119,
    120
Oberflächenfeuchtigkeit 41, 76
Oberflächentemperatur 22, 33, 37,
    40, 50, 63, 67, 80, 82
Oberlichter 46
Ortschaum 25

P

Pfeiler 28
Pflichtenübernahmen 125
Pilzbefall 11
Prozess 146

Q

Querlüftung 17

R

Raumklima 9, 16, 30, 39, 73
Raumluftfeuchte 80
Raumnutzung 121
Raumtemperatur 80, 82, 113, 115,
    116, 117, 118
Rechtsanwalt 147
Regenschutz 122
Reihenhaus 140
relative Luftfeuchte 11, 34, 67, 82
Restfeuchte 87
Risse 19, 32, 50, 79
Rohrbruch 142
Rohrdurchführungen 45
Rückstellungen 145
Rüge 137

S

Sachverständige 146
Salz 96
Salzausspülungen 87
Salze, bauschädliche 90
Sanierputz 91
Sauna 117
Schadenersatz 129, 131, 136
Schadstoffe 87
Schichtdicke 78
Schichtung der Luft 23
Schiedsgutachter 149
Schimmel 24, 33, 38, 48, 51, 61, 64,
    65, 69, 70, 73, 76, 81, 82, 91, 101,
    102, 103, 124, 129
Schimmelpilz 72
Schimmelpilze 20, 68
Schlagregen 19, 42, 66, 80, 104
Schwarzanstrich 28
Schwimmbad 26
Schwinden 79
Schwitzwasser 47
solare Wärmegewinne 9
Sondereigentum 139
Sperrputz 97, 101
Sporen 68
Spritzwasser 28
Steildächer 45
Stockflecken 41
Stoßlüftung 17
Streitverkündung 148
Sturz 63, 64

T

Tauperiode 12, 16
Taupunkttemperatur 39
Täuschung 138
Tautemperatur 12, 22, 29, 31, 36,
    40, 44, 50, 51, 63, 66, 80, 83, 84
Temperaturverteilung 38
thermische Dehnung 9
Transmission 11
Traufe 45
Trockenperiode 16
Trocknung 15, 28, 41, 45, 50, 52,
    72, 86, 90, 98, 104, 105, 107

U

Überlüftung 57
Übernahmeprotokoll 126
Umbau 102
Unterspannbahn 54, 55, 58, 60, 63,
    108
Unzumutbarkeit 133

V

Verdingungsordnung für Bauwesen
    Teil B (VOB/B) 131
Verdunstungsperiode 12, 16
Verhältnismäßigkeit 133
Verjährung 136

Farbtafeln

Abb. 3/1:
Blick von oben entlang des
Schmuckgiebels, das abgelöste
Putzstück steht als Scholle vor,
neben und unter dem
abgelösten Putzstück sind
Feuchteflecken sichtbar

Abb. 3/5:
Anschluss am Fenster mit
einem Spalt

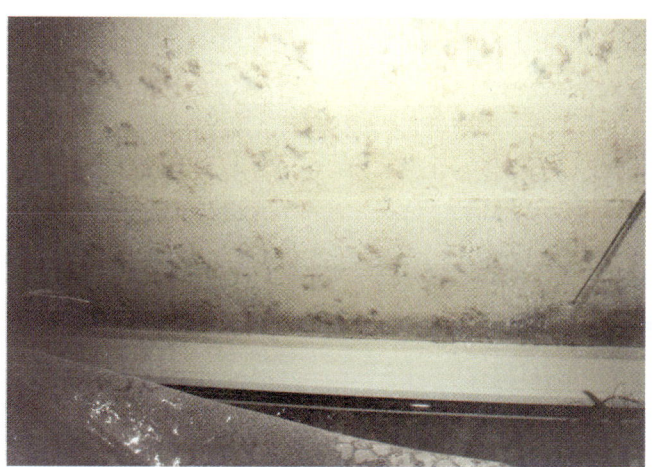

Abb. 3/6:
Flecken von Abtrocknungs-
marken auf dem Teppichboden
im Anschluss zum Bodenkanal

Abb. 3/7:
Bodenkanal der Heizung
entlang der Außenwand
zur Terrasse, an den
Wandungen sind Ausblühungen
vorhanden

Abb. 3/8:
Außenansicht der
Terrassenwand, Algen
und Moos sind Beleg
für eine stärkere Feuchte-
beanspruchung

Abb. 3/9:
Außenputz im Bereich
der Brüstung unterhalb
des Schlafzimmerfensters
geschädigt

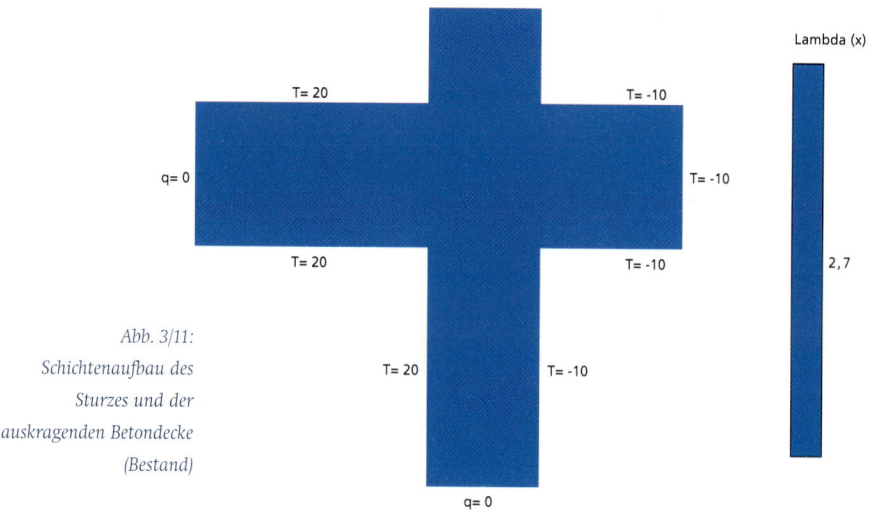

Abb. 3/11:
Schichtenaufbau des
Sturzes und der
auskragenden Betondecke
(Bestand)

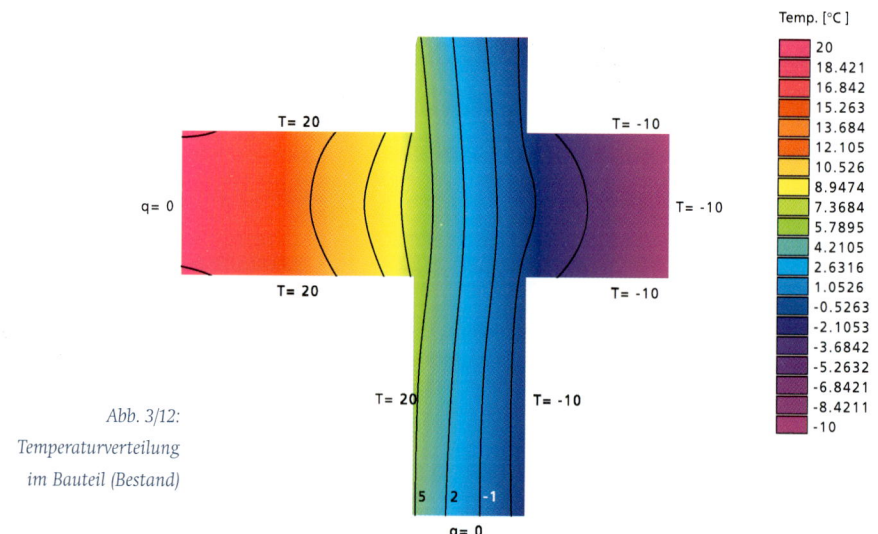

Abb. 3/12:
Temperaturverteilung
im Bauteil (Bestand)

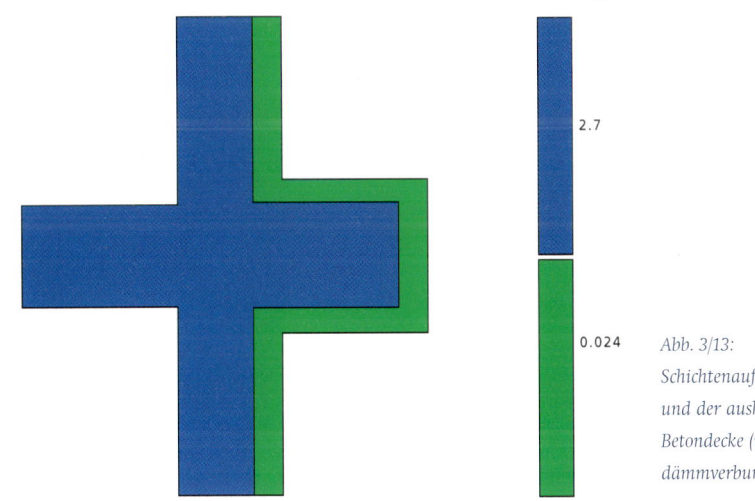

Lambda (x)

2.7

0.024

Abb. 3/13:
Schichtenaufbau des Sturzes
und der auskragenden
Betondecke (mit Wärme-
dämmverbundsystem)

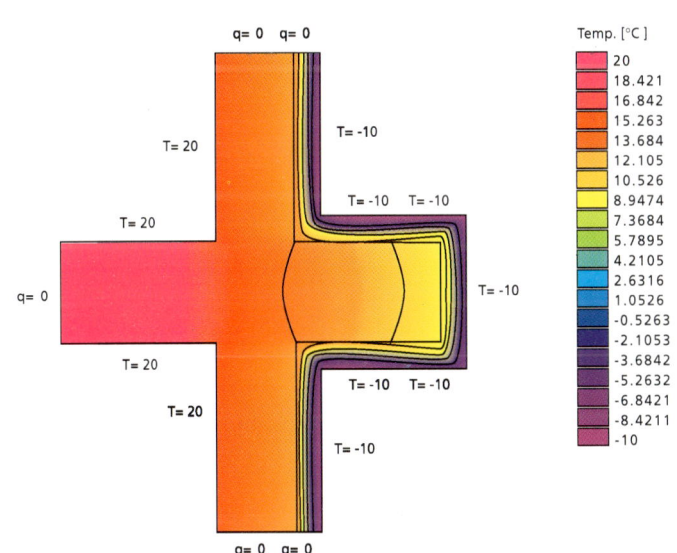

Temp. [°C]

20
18.421
16.842
15.263
13.684
12.105
10.526
8.9474
7.3684
5.7895
4.2105
2.6316
1.0526
-0.5263
-2.1053
-3.6842
-5.2632
-6.8421
-8.4211
-10

Abb. 3/14:
Temperaturverteilung im
Bauteil (mit Wärme-
dämmverbundsystem)

Abb. 3/16:
Feuchteschäden an
der Fußleiste

Abb. 3/17:
Detailaufnahme
der Stockflecken

Abb. 3/20:
Schimmelbefall und
Feuchteflecken zeichnen
deutlich den Standort des
Schlafzimmerschrankes nach

Abb. 3/21:
„pelziger" Belag auf
dem Schrank

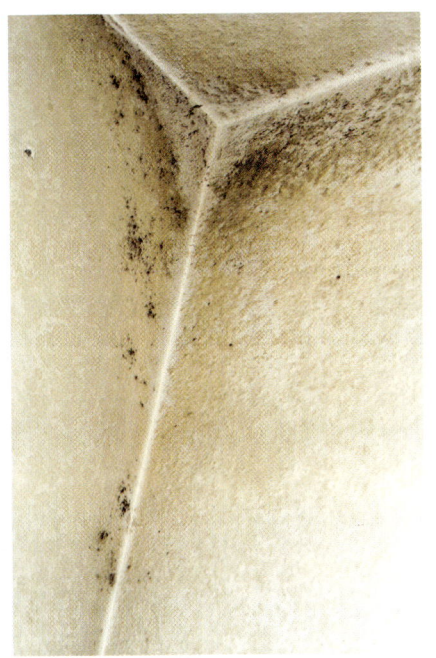

Abb. 3/22:
starke Schimmelbildung
im Bereich der Außenecke

Abb. 3/25:
Folie nur teilweise über die
Dachbalkenkonstruktion
geführt

Abb. 3/26:
Rohrleitung ungedämmmt
nach außen geführt, kein
Anschluss zur Folie

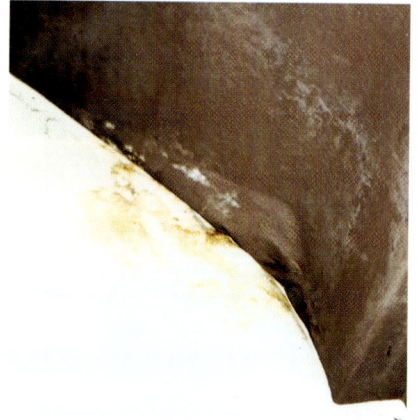

Abb. 3/27:
Feuchteschaden im
Treppenhaus

Abb. 3/28:
Unterspannbahn am
gemauerten Schornstein
nicht hochgeführt

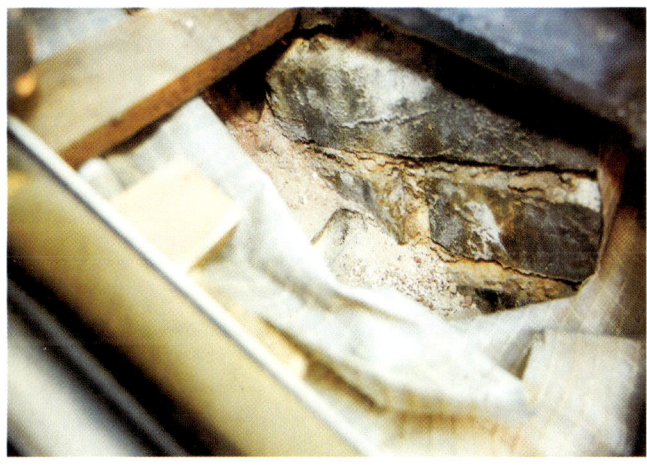

Abb. 3/29:
Unterspannbahn nur
gegen das aufgehende
Mauerwerk verknittert
herangeführt

Abb. 3/30:
Feuchteschaden etwa mittig
an der Außenwand

Abb. 3/32:
Lattung unterhalb
der Unterspannbahn
stark durchnässt

Abb. 3/33:
Schimmelbildung am
Sturz über dem
Wohnzimmerfenster

Abb. 3/34:
Schimmel erstreckt
sich vom Sturz bis
hin zur Außenecke

Abb. 3/36:
Wandpfeiler mit
abgetrockneten
Feuchtemarken,
Tapete entfernt

Abb. 3/37:
Schimmelbildung am
Wandpfeiler in der
darunterliegenden
Wohnung

Abb. 3/38:
Laibungen der Balkontür
außenseitig mit Putz und
Anstrich versehen, Putz und
Anstrich aufgerissen,
innenseitig Feuchtemarken
sichtbar

Abb. 3/39:
Feuchteschäden mit
Schimmelbildung
im unteren Bereich der
Balkontürlaibung

Abb. 3/40:
starke Ablaufmarken
am Sturz über der
Balkontür, ausgehend
vom darüberliegenden
Balkon

Abb. 3/41:
Schimmelflecken an der
Sturzuntersicht des Fensters
in der Abstellkammer

Abb. 3/42:
Schimmelflecken an
der Sturzuntersicht
des Fensters im Bad

Abb. 3/43:
Feuchte im unteren
Bereich der Trennwand
zur Küche erkennbar

Abb. 3/44:
Putz und Anstrich blättern ab
infolge Feuchteeinwirkung

Abb. 3/45:
Tapete löst sich infolge
Feuchteeinwirkung vom
Untergrund ab

Abb. 3/48:
Anstrich blättert
lediglich unterhalb der
Horizontalsperre ab

Abb. 3/49:
Feuchteeinwirkung
an Tapete und
Teppichboden sichtbar

Abb. 3/50:
Feuchteflecken mit
Schimmelbildung
an der Laibung der
Heizkörpernische

Abb. 3/51:
Spalt am Fenster
mit Zeitungspapier
ausgestopft

Kompendium der Dämmstoffe

Eckhard Reyer, Kai Schild, Stefan Völkner
2. überarbeitete und erweiterte Auflage, 2001,
500 Seiten, Tabellenwerk, fester Einband
ISBN 3-8167-4732-9
DM 98,– / u 50,11 / öS 715,– / sFr 89,–

Mit der 2. Auflage des Kompendiums der Dämmstoffe wird Architekten, Planern und Bauherrn ein Nachschlagewerk über Dämmstoffe für den Wärme- und Schallschutz im Hochbau zur Verfügung gestellt. Dieses enthält, neben allgemeinen Angaben zu Herstellung und Einsatz von Dämmstoffen verschiedenster Materialien, weiterführende Informationen (z.B. Anwendungsbereiche, bauphysikalische und baukonstruktive Eigenschaften) zu mehr als 850 Produkten. Das Kompendium der Dämmstoffe soll helfen, für den jeweiligen Anwendungsfall ein gemäß baukonstruktiven, bauphysikalischen und ökologischen Anforderungen geeignetes Produkt auszuwählen. Damit eine effiziente Produktwahl ermöglicht werden kann, wurde auf eine weitestgehende Schematisierung und übersichtliche Sortierung der Informationen besonderer Wert gelegt.

Schäden an elastischen und textilen Bodenbelägen

Hans-Joachim Scheewe
Schadenfreies Bauen Band 22
2001, 232 Seiten, 80 Abbildungen, 45 Tabellen,
ISBN 3-8167-4168-1
DM 98,– / u 50,11 / öS 715,– / sFr 89,–

Die Fülle möglicher Schadensursachen – beginnend mit der unzureichenden Vorbereitung des Untergrundes über die falsche Auswahl und Verlegung des Bodenbelags bis hin zur unsachgemäßen Reinigung und Pflege des Materials – lässt den fachmännischen Einsatz elastischer und textiler Bodenbeläge als eine besonders anspruchsvolle Aufgabe beim Innenausbau erscheinen. Der Autor präsentiert typische Schadensfälle aus der Sachverständigenpraxis mit genauen Analysen ihrer Ursache und gibt konkrete Hinweise zu ihrer Vermeidung. Die Darstellung von Einsatzbereichen, Materialeigenschaften, Normen und Nachweismethoden macht dieses Buch zu einem umfassenden Kompendium für Bauherren, Planer und Handwerker.

Fraunhofer IRB Verlag
der Fachverlag zum
Planen und Bauen

Postfach 80 04 69 · 70569 Stuttgart
Tel. 0711 / 9 70-25 00 · Fax: 07 11 / 9 70-25 08
E-Mail: info@irb.fhg.de · www.IRBbuch.de